地図の物語 人類は地図で何を伝えようとしてきたのか

アン・ルーニー　高作自子 訳 ｜ 筑波大学教授 井田仁康 日本語版監修

The Story of Maps: Putting the world in perspective
Anne Rooney

地図の物語
人類は地図で何を伝えようとしてきたのか

アン・ルーニー　高作自子 訳　筑波大学教授 井田仁康 日本語版監修

はじめに──6

Chapter 1 | われらが大地──10

マンモスの牙に描かれたパブロフ図──11
ベドリーナ図──12
ニップルの市街図──14
ニップル周辺の畑の地図──15
フォルマ・ウルビス・ロマエ──16
長沙国南部図──17
マダバのモザイク地図──18
アル＝フワーリズミーによるナイル川の地図──20
アル＝イスタフリによるロシア南部と
　アゼルバイジャンの地図──22
アル＝イスタフリによるチグリス川・
　ユーフラテス川流域図──23
禹跡図──24
エルサレム十字軍地図──25
ブリテン島を描いたゴフ図──26
アルベルティーニシャー図──28
大明一統志──30
ヤコポ・デ・バルバリによるベネチア鳥瞰図──32
レオナルド・ダ・ビンチによるイモラの市街図──34
メンドーサ絵文書──35
ピリ・レイスのベネチア図──36
コルテスによるテノチティトラン図──36
マトラクチュ・ナスーフによる
　イランのタブリーズ市街図──38
ハンス・ゼーバルト・ベーハムによる
　第一次ウィーン包囲図──40
トゥルテベックとシャルトカン地域の土地訴訟文書──41
ウミビック村クニットの流木地図──42
チュクチ半島図──43
新板摂津大坂東西南北町嶋之図──44
トゥキ・テ・テレヌイ・ファレ・ピラウによる
　ニュージーランドの地図──45
九江府治図──46
クリストファー・レンによる新生ロンドン図──48
カッシーニ図──50

ウィリアム・ハミルトンによる
　フレグレイ平野のベスビオ火山図──52
ツパイアによる太平洋島嶼──54
英国陸地測量局による初めての官製地図──56
ブルームフィールズを描いた官製地図──56
コーンウォール州セント・コロンブ・メジャーを
　描いた官製地図──57
伊能忠敬による実測日本地図──58

Chapter 2 | 山海を越えて──60

『二本の道の書』より冥界への道──61
サントリーニ島のフレスコ画──62
エジプト、ヌビア地方の金山の地図──64
ポイティンガー図──66
マシュー・パリスのパレスチナ巡礼図──68
マシュー・パリスのエルサレム図──69
ブレイデンバッハとルービッヒによる
　聖地巡礼図──70
カナダ、セントローレンス川流域図──72
ゲオルク・ブラウンとフランス・
　ホーヘンベルフによる『世界都市図帳』──74
ヨドクス・ホンディウスによる
　ドレークの世界周航図──76
ブリテン島の道路地図──78
アメリカの郵便地図──79
戦いへ向かうクアポー人の経路図──80
スコット隊最後の旅路──82
エンデュアランス号漂流図──83
ルカサ──84
ドイツ、モーゼル川流路図──85

Chapter 3 | 探検と領土拡大──86

ビンランド地図──87
ベネデット・ボルドーネによるギリシャ、
　ヒオス島の図──88
ポルトラノ海図──89
カンティーノの世界地図──90
ミラー・アトラス──92
カルタ・マリナ──94

大西洋のポルトラノ海図──96
セバスチャン・ミュンスターによるアフリカ図──97
アブラハム・オルテリウスによるアイスランド図──98
ゲラルドゥス・メルカトルの北極圏図──99
ガスタルディによるヌーベルフランス図──100
ジョン・スミスによるバージニア植民地図──102
ヨハネス・フィンボーンスによるヒスパニオラ島と
　プエルトリコ島の図──104
『バラールの地図帳』より「ジャワの図」──106
ピーター・グースによる東インド諸島図──108
メルキセデク・テブノによるオーストラリア図──110
アタナシウス・キルヒャーによるアフリカ図──111
デ・フォンテ提督の北西航路発見図──112
ロバート・セイヤーによる、ロシアの地理上の
　発見を盛り込んだ地図──113
ルイ・ド・フレシネによるオーストラリア図──114
ヨストス・ベルテスによる南極大陸図──116
海底図──117

Chapter 4 | 世界観の変容──118

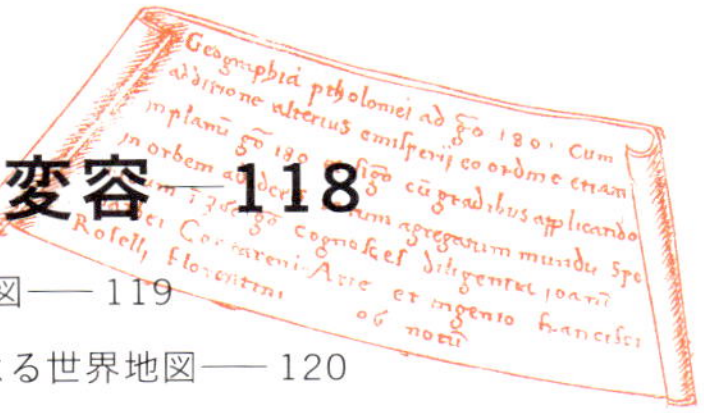

バビロニアの世界地図──119
イブン・ハウカルによる世界地図──120
アングロ・サクソン図──121
サン・スベール修道院のベアトゥス図──122
TO図──123
プトレマイオス図──124
アル=イドリーシーによる『ルッジェーロの書』──126
ホノリウス・アウグストドゥネンシスによる
　ソーリー図──128
エブストルフの地図──129
リチャード・デ・ベロのヘレフォード図──130
ピエトロ・ベスコンテの世界地図──131
カタルーニャ図──132
ジョバンニ・レアルドによる世界地図──134
フラ・マウロによる世界地図──135
ジェノバの世界地図──136
疆理図──138
マルテルスによる世界地図──140

マルティン・ベハイムの地球儀──142
ダチョウの卵の地球儀──143
フアン・デ・ラ・コーサによる世界地図──144
フアン・ベスプッチによる世界地図──146
コンタリーニとロッセッリによる地図──148
マルティン・バルトゼーミュラーによる世界地図──150
バティスタ・アニェーゼによる世界地図──152
ピリ・レイスによる南米大陸図──152
アブラハム・オルテリウスによる世界地図──154
ゲラルドゥス・メルカトルによる世界地図──156
『世界都市図帳』よりインド、コルカタの図──158
ハインリヒ・ビュンティングによる
　クローバー型地図──159
ヨアン・ブラウによる『大地図帳』──160
天下図──162
東半球図──163
国際図──164
ゴール-ペータース図法──166
グーグルアース──168

Chapter 5 | 主題図の登場──170

エドモンド・ハレーによる地磁気図──171
イングランドとウェールズおよび
　スコットランドの一部の地層図──172
サミュエル・ハウによる盲人用地図帳──173
御固泰平鑑──174
セオドア・ディターラインによる
　ゲティスバーグ戦場図──176
マシュー・ドリップスによるセントラルパーク図──177
ジャワ島の行政地図──178
フレッド・ローズによる風刺地図──180
ハリー・ベックによるロンドン地下鉄路線図──182
マーシャル諸島のスティックチャート──184
絹のスカーフに描かれた「脱出地図」──185
ハロルド・フィスクによるミシシッピ川流路変遷図──186
英国ダラム大学による北極領有権地図──187
地球の夜景図──188
米航空宇宙局（NASA）による皮羌断層線図──190

「船で広い海を越え、この世界から向こうの世界へ渡った者がいるなど、そんな馬鹿げた話があるものか」———聖アウグスティヌス『神の国』(5世紀)

はじめに

わずか数時間で大陸間を横断し、宇宙から地球を眺める現代の私たちには、4〜5世紀に生きたアウグスティヌスの世界観はなかなか理解できない。アウグスティヌスの時代は、海を渡ることなど想像外のことで、自分たちの住む陸の形すらよくわかっていなかったのだ。目の前にある風景の先には、まぎれもなく不思議に満ちた未知の世界が広がっていた。

本書では、地図を通して、先人たちがどのように世界をとらえてきたのかを見ていく。どの時代の地図にも表現上の決めごとがあり、それなしには読み解けない。しかし、私たちは現代の地図に慣れすぎているため、これらの決めごとがあることに気がつかない。時代も場所も遠く離れた異文化の地図を目の当たりにして初めて、日ごろ見慣れた地図がひとつの選択肢にすぎなかったことがわかる。そして、現代の地図についてもいろいろな疑問がわいてくるのだ。宇宙には上も下もないはずなのに地図ではなぜ北を上に描くのか、アフリカの14分の1しかないグリーンランドがアフリカ並みの大きさに描かれるのはなぜか。

地図とは何か

アルゼンチン人作家、ホルヘ・ルイス・ボルヘスの短編に「学問の厳密さについて」という話がある。そこには、ある帝国の国土と同じ大きさで、細部に至るまで事実と何ひとつ違わない原寸大の地図が登場する。論理的には正しいようにも思えるが、もちろん違う。そもそも地図とは現実の地形をそのまま写し取ったものではない。拡大すれば実際とは必ず違ってくる。誇張や省略など、ある決めごとに従って描くことで初めて使えるものになるのだ。

ひとくちに地図と言っても実に様々なものがある。縮尺にのっとった地図、そもそも縮尺の概念がない地図、ランドマークがそれぞれ真上から見下ろされている地図(無数の視点があることを意味する)、見晴らしのいい場所から斜めに俯瞰した地図など、多種多様だ。たとえば、地べたから建物を見上げたような図もあるだろう。

しかし、果たして、それを地図と言っていいものだろうか。このような問いかけは、「地図とは何か」「地図に何を求めるのか」といったことを私たちに考えさせる。

一般に、地図の用途といえば、経路や地形を調べることだ。旅の手引きともなる。だが、歴史を振り返ると、こうした用途ばかりではないことがわかる。アステカ文明の高度に抽象化された地図(P.35)には歴史や文化についての情報が織り込まれていたし、木の枝や貝殻からなるマーシャル諸島の地図(P.184)は地形ではなく、船乗りにとって大切な海流を表現している。中世ヨーロッパの地図のように、地形よりも、宗教的世界観にもとづく地理や歴史の記録に重きを置いていたものもある。

コスマス・インディコプレウステスの世界地図
この図に描かれているのは、アウグスティヌスの時代に知られていた世界である。真ん中の長方形が世界を表し、その周りを大洋が取り囲む。大洋は、左中央にある地中海につながっている。　　　　　　　　　　[550年頃]

Introduction

第二クアウティンチャン絵図
この図は、メキシコ盆地東部のクアウティンチャンで16世紀に作られた歴史地図だ。トルテカ王国の指導者イクシコワトルとケツァルテウェヤクが、聖都チョルーラから伝説上の7つの洞窟「チコモストク」へ、儀式的な巡礼をする場面が描かれる。アステカ人を始めとする中央メキシコの人々は、チコモストクから生まれ出たと信じられていた。この図には、チコモストクへ至る途中の重要な場所や出来事も示される。
[16世紀]

なぜ地図を作るのか

地図とは、そもそも道を探したり目的地への経路を示したりするものだが、土地の所有権や新発見を記録するために使われることもあるし、農業や鉱業向けの実用的なものもある。ときには、政治的な目的にも利用される。今日、私たちはこれらの地図をひとくくりにして考えるが、中世ヨーロッパ諸国やイスラム以前のアラブ諸国には「地図」という言葉そのものがなかった。彼らは、様々な地図の間に共通点を見いだしていなかった。世界の「真の姿」はそもそも地図では表現できない。丸い地球を平面図に書き写すこと自体、何かを歪めなければできない相談なのだ。

「真の姿」へのこだわりは、地図を政治的な道具として使おうとする企みにもつながってくる。1582年にマイケル・ロックが描いた北米大陸図(P.8)は、既に知られていたカナダ北西部をわざと空白にしている。太平洋への航海を実際より容易なものに見せかけるためだ。ロックの目的は、北西航路の開拓や北米の植民地化を推し進めるための、探検への投資を促すことだった。

1490年にヘンリクス・マルテルスが描いた地図(P.140-141)

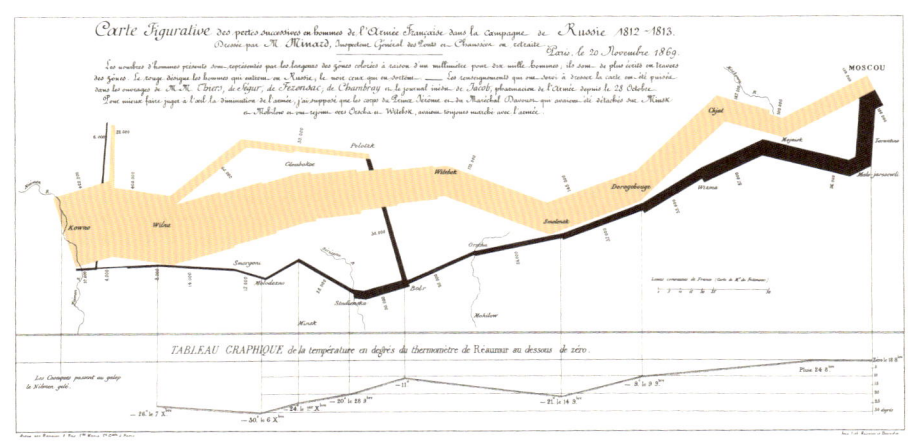

シャルル・ジョゼフ・ミナールによるロシア戦役地図
シャルル・ジョゼフ・ミナールが作ったこの地図兼グラフは、ロシア遠征時にナポレオン軍が移動したルートを示す。茶色の線はモスクワへの侵攻ルート、黒色の線は退却ルートだ。線の太さは各地点で生き残っている兵士の数を表している。[1869年]

は、アフリカ大陸南端を異様なまでに引き延ばしている。アフリカ経由の航海を実際より長くかかるように見せかけ、コロンブスによる西回り航路の開拓を後押ししようとしたふしがある。

政治的な利用例の最たるものは、なんといっても1529年にディオゴ・リベイロが描いた世界地図だろう。この地図は、当時「香料諸島」と呼ばれたモルッカ諸島をスペイン領内に描いている。実際には、スペインとポルトガルで取り決めた太平洋上の分割線のポルトガル領内に位置していたにもかかわらず、リベイロの地図が採用され、スペイン領とされた。このごまかしが発覚したのは、実に数世紀も後のことだ。

地図とは、それが意図されたかどうかは別にしても、移りゆく時代を切り取り記録するものだ。たとえば、ミシシッピ川の流路変遷図（P.186）は、目の前にある景色が永遠には続かないことを教えてくれる。先人たちが地図に描いた世界と今の世界を同じものと思いがちだが、変わらないものなど何もない。

たとえば、火山噴火前には島だった場所が、噴火後の地図では環礁に生まれ変わっていることもある。

地図作りをめぐる試行錯誤

ごく初期の地図では身の回りの地域しか描かれることはなかった。少し離れた土地となると、旅人の話や神話、想像をもとに描くよりほかなかったのである。

地図を作るために、先人たちが手にした最初の道具が「測量」だ。紀元前200年頃には、古代ギリシャの学者、エラトステネスが地球の大きさを測量している。地球上のある地点を特定する方法として、緯度と経度という仕組みを生み出したのもエラトステネスだ。ロープと重りによる簡単な測量法は古くから知られていて、紀元前2700年頃の古代エジプトではすでに使われていた。

ローマ帝国時代になると、測量技師が活躍するようになり、ローマ帝国の周囲10万キロ以上の道が測量される。その成果が、ポイティンガー図（P.66-67）と呼ばれる大がかりな道路図だ。ずっと時代が下って1615年には、オランダ人数学者のヴィレブロルト・スネルが三角測量を考案する。三角形の原理を使って地点間の距離を計算するこの方法は、フランスのカッシーニ図（P.50-51）を始めとする国家による大規模な地図製作事業を可能にした。

18世紀になると経緯儀が改良され、陸地での地図製作はさらに飛躍的な発展を遂げる。水平角と仰角を測ることが可能になり、標高が測れるようになった。さらに、イギリス植民地時代の1801年にインドで始まった大三角測量によって新しい世界最高峰が見出され、三角測量に貢献した先達にちなんでエベレストと

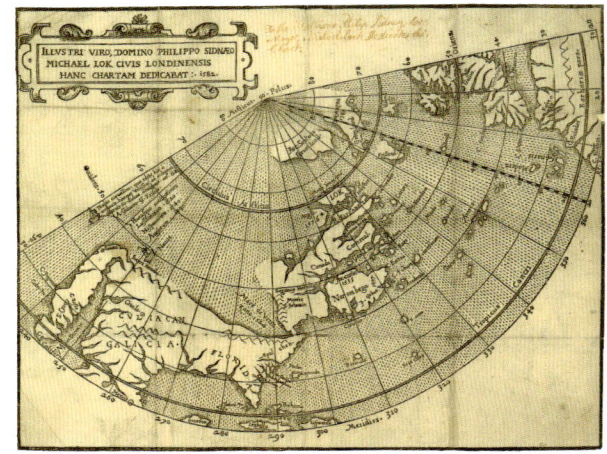

マイケル・ロックの北米大陸図
カナダの一部をあえて描かなかったほか、バフィン島南部のメタ・インコグニタ半島は実際より小さく、自らの名を冠したロック島は大きく描いている。
［1582年］

命名されている。

一方、海上での測量は、陸地とは違う難題をつきつけられた。正確な測量を行うための基準点がないうえに、地球の歪みのために長い距離や方角がうまく測れないのだ。緯度は正午の太陽の位置と赤緯表から簡単に割り出せるが、経度は基準点がないと測れない。この時代、正確な航路が選べないことはたびたび悲劇を生み、経度の測定は喫緊の課題だった。こうして17世紀から19世紀にかけて、様々な解決策が提示され、検討されることになる。

失われた地図

多くの地図は描かれては消えていく。わずか数日、それどころかたったの数分で消されてしまうものもある。ニュージーランドの先住民マオリがクック船長の船の甲板に炭で描いた地図や、オーストラリアの先住民が砂や土の上に描いた地図などだ。

逆に、残っているはずの地図が失われてしまった例もある。たとえば、古代ギリシャのアナクシマンドロス(紀元前611〜紀元前546年頃)が描いたか、記述したと伝えられる最古の世界地図は現存していない。その地図はエーゲ海が中心に据えられ、地中海の上下に陸地が描かれていたという。人が住める地域はそのうちの細長い一帯で、北にギリシャ、イタリア、スペイン、南にリビア、エジプト、東にパレスチナ、アッシリア、ペルシャ、アラビアが記されていた。その一帯より北は寒すぎ、南は暑すぎて人が住めないとされたのである。

さらに、古代に作られた地図の金字塔で、地理学者クラウディオス・プトレマイオスが2世紀に描いたとされる世界地図も現存していない。緯度によって世界を7つの「気候帯」に分け、アナクシマンドロスのように中央の一帯のみを居住可能としている。

プトレマイオスの著書『地理学』では、地中海を中心に、経緯線を用いて世界各地の正確な位置を特定している。このモデルは中世ヨーロッパでは忘れ去られたが、1000年余りの時を経て復活し、地図製作の基礎となった。1507年に刊行されたマルティン・バルトゼーミュラーの世界地図(P.150-151)は、敬意を込めて、旧世界の上方にプトレマイオス、新世界の上方にアメリゴ・ベスプッチの肖像を配している。

歴史上重要な地図は多数残っているが、それ以上に消えていった地図は多い。地図には実際に使うものと装飾用とがあるが、実用的な地図は失われたり傷んだりしやすく、新しいものが出れば捨てられた。装飾用の地図は残りやすかったとはいえ、情報が古くなれば新しいものに取り替えられることが多かった。

本書で紹介する地図は、どれもきわめて重要なものばかりだ。同種の地図の代表格もあれば、面白い変わり種もある。時のはざまに消えていった地図にも、思いを馳せずにはいられない。

フランチェスコ・ロッセッリの世界地図
1508年にフランチェスコ・ロッセッリが製作したこの図は、新世界を描いた最初の刊行地図のひとつである。コロンブス同様、新大陸をアジアの一部と信じていたようだ。なお、南極大陸が発見されるずっと以前の、伝説の南方大陸も描かれている。楕円体による新たな投影法を用いており、16世紀の偉大な地図製作者たちの多くがこれにならった。　　［1508年］

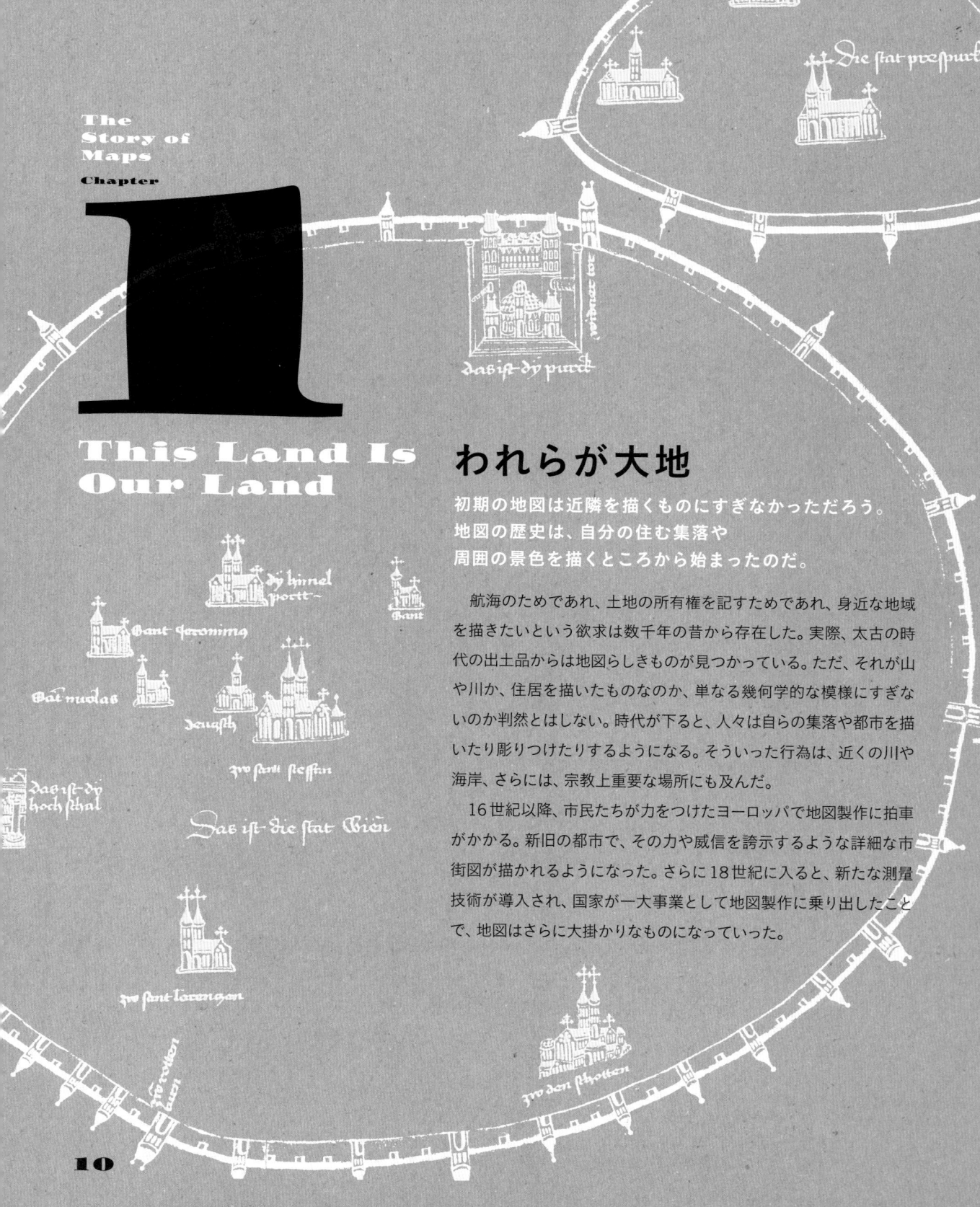

The
Story of
Maps
Chapter

1

This Land Is Our Land

われらが大地

初期の地図は近隣を描くものにすぎなかっただろう。
地図の歴史は、自分の住む集落や
周囲の景色を描くところから始まったのだ。

　航海のためであれ、土地の所有権を記すためであれ、身近な地域を描きたいという欲求は数千年の昔から存在した。実際、太古の時代の出土品からは地図らしきものが見つかっている。ただ、それが山や川か、住居を描いたものなのか、単なる幾何学的な模様にすぎないのか判然とはしない。時代が下ると、人々は自らの集落や都市を描いたり彫りつけたりするようになる。そういった行為は、近くの川や海岸、さらには、宗教上重要な場所にも及んだ。

　16世紀以降、市民たちが力をつけたヨーロッパで地図製作に拍車がかかる。新旧の都市で、その力や威信を誇示するような詳細な市街図が描かれるようになった。さらに18世紀に入ると、新たな測量技術が導入され、国家が一大事業として地図製作に乗り出したことで、地図はさらに大掛かりなものになっていった。

Chapter 1
This Land Is Our Land

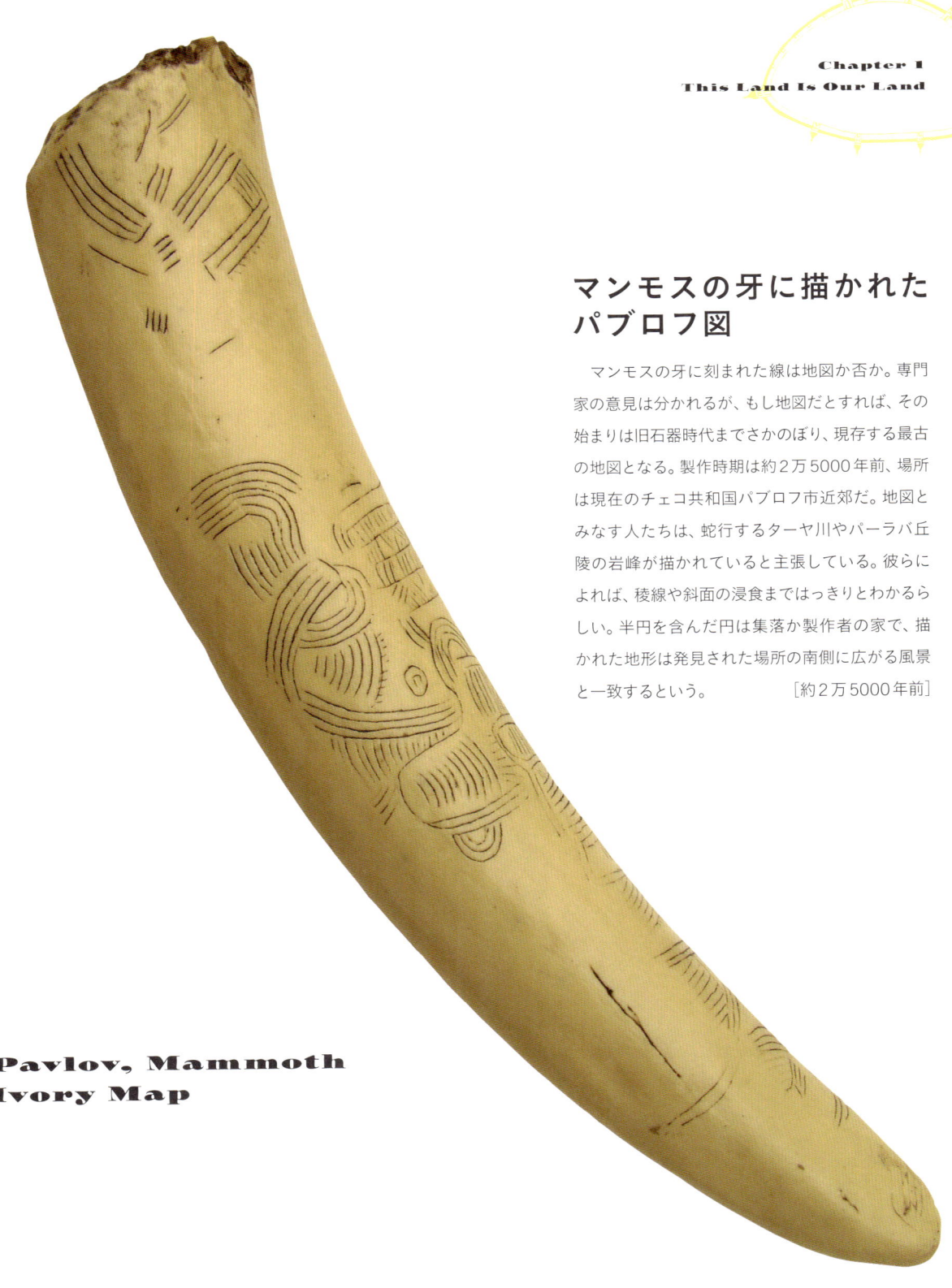

マンモスの牙に描かれたパブロフ図

　マンモスの牙に刻まれた線は地図か否か。専門家の意見は分かれるが、もし地図だとすれば、その始まりは旧石器時代までさかのぼり、現存する最古の地図となる。製作時期は約2万5000年前、場所は現在のチェコ共和国パブロフ市近郊だ。地図とみなす人たちは、蛇行するターヤ川やパーラバ丘陵の岩峰が描かれていると主張している。彼らによれば、稜線や斜面の浸食まではっきりとわかるらしい。半円を含んだ円は集落か製作者の家で、描かれた地形は発見された場所の南側に広がる風景と一致するという。　　　　　［約2万5000年前］

Pavlov, Mammoth Ivory Map

ベドリーナ図

　イタリア北部ブレーシャ県のカモニカ渓谷には、先住民のカムニ人が描いた30万点に及ぶ岩絵群が広がる。製作時期は旧石器時代から鉄器時代までの約8000年間で、紀元前千年紀まで続いたという。最も息の長いパブリック・アートといえる。

　地図と目されるものはベドリーナ公園内の岩絵番号１（ベドリーナ図）で、紀元前６世紀から紀元前４世紀にかけて彫られたもの。小屋か家が６点、畑が30点、はしごが１点のほか、人、動物、ジグザグの小道なども描かれている。畑の中に描かれた丸印は、住居か家畜の囲いを表すと見られている。下の透写図からは、初期鉄器時代に描かれた戦士の上に、後期鉄器時代の小屋が重ねて彫られていることがわかる。　　　　　［紀元前６〜紀元前４世紀頃］

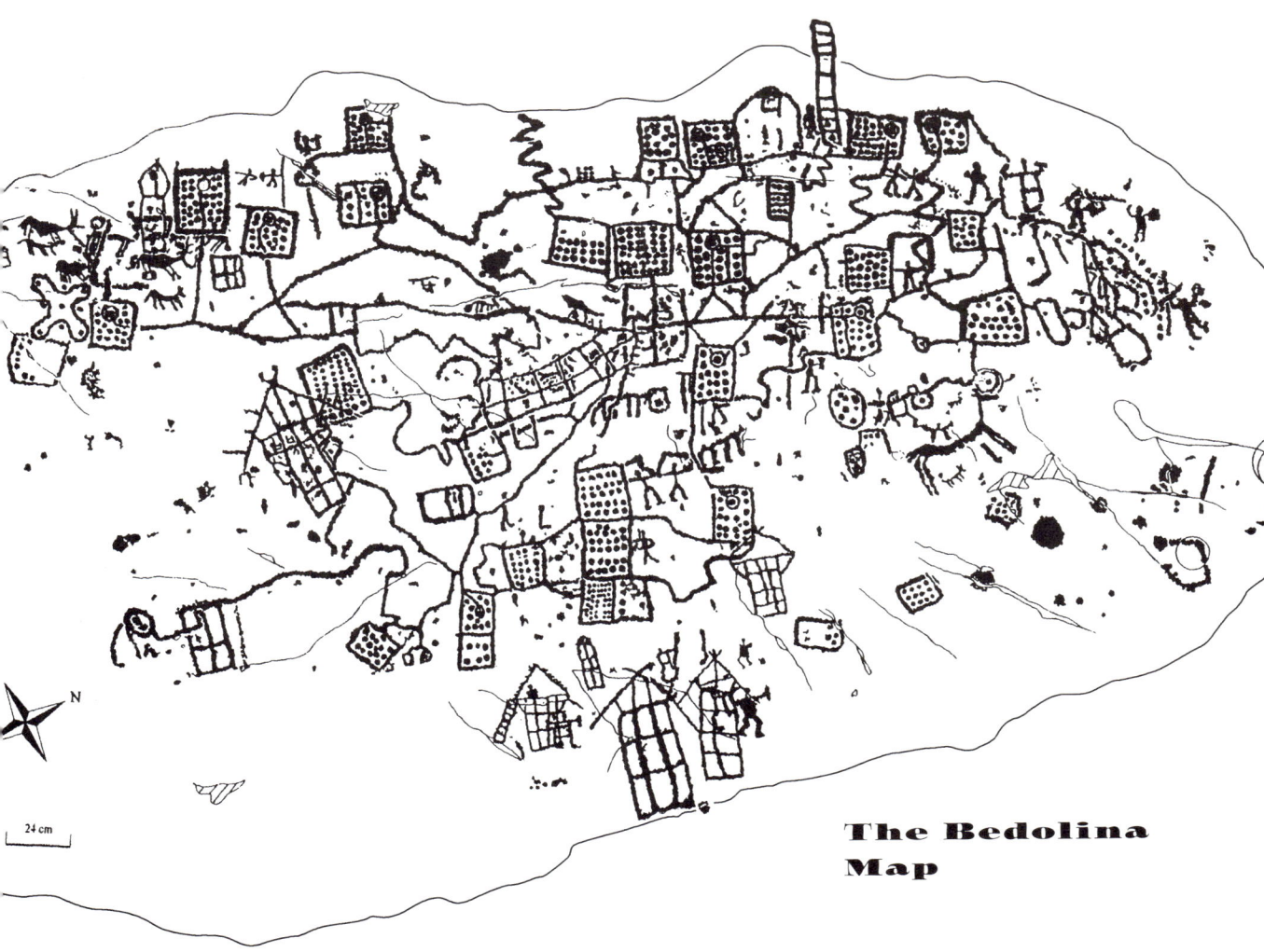

The Bedolina Map

Nippur – Town Plan

ニップルの市街図

　バビロニアの宗教都市ニップルを描いた地図の断片は、距離の概念が見られるものとして、現存する最古の市街図かもしれない。製作時期は紀元前1500年頃。当時一般的に用いられていた粘土板に刻まれたものだ。右端から順に、塀に囲まれたエンリル神殿、7つの門のある城壁、ユーフラテス川、運河、貯蔵庫、庭園が描かれている。距離や名称はバビロニアの楔形文字で書かれている。ニップル遺構の発掘調査からは、縮尺が正確かどうかはまだわかっていない。　　　　［紀元前1500年頃］

Nippur – Countryside

Chapter 1
This Land Is Our Land

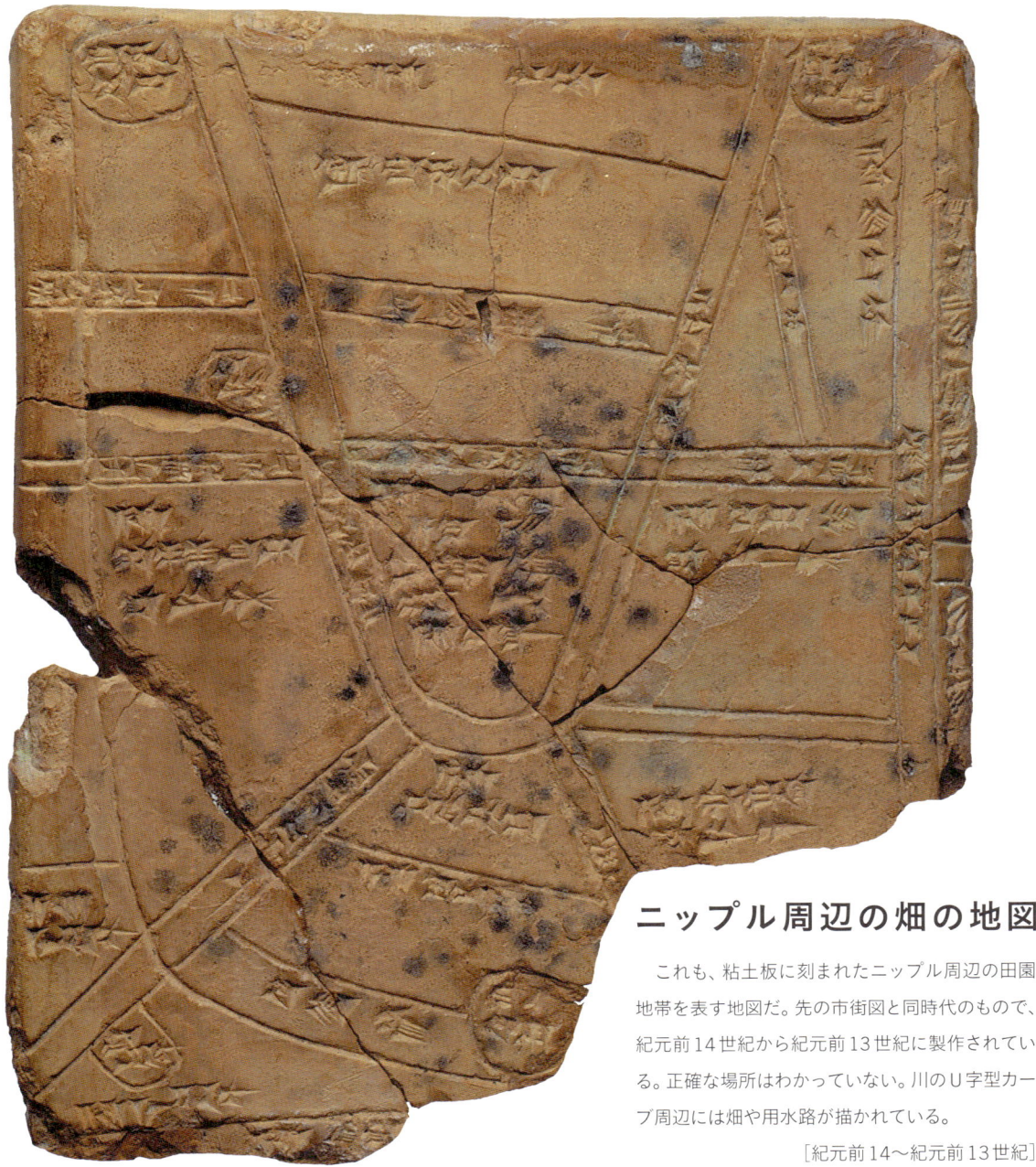

ニップル周辺の畑の地図

　これも、粘土板に刻まれたニップル周辺の田園地帯を表す地図だ。先の市街図と同時代のもので、紀元前14世紀から紀元前13世紀に製作されている。正確な場所はわかっていない。川のU字型カーブ周辺には畑や用水路が描かれている。

［紀元前14〜紀元前13世紀］

15

Forma Urbis Romae

フォルマ・ウルビス・ロマエ

　大理石に彫られたローマ帝国時代のローマ市街図。もとは縦13メートル、横18.3メートルと巨大なもので、ウェスパシアヌス帝がローマに建造した「平和の神殿」の書庫外壁にはめ込まれていた。縮尺は平均で240分の1か250分の1だが、重要な建物はそれよりも大きな縮尺で描かれている。多くは平面図で示されるが、水道橋のアーチなど、立体的に描かれたものもある。こうした正確なローマ市街図が次に現れるのは、実にそれから1500年も後のことになる。　　　　［203〜208年頃］

Mawangdui Silk Map

Chapter 1
This Land Is Our Land

長沙国南部図

中国湖南省長沙市馬王堆にある前漢時代の墓から出土した地図3点のうちのひとつ。紀元前168年以降に製作された地形図とされる。長沙南部の山や川が、植物性染料を使って絹に描かれている。3点の地図はどれも南を上にした、真上から俯瞰した平面図だ。　　　　　　　［紀元前168年以降］

17

Chapter 1
This Land Is Our Land

Madabamosaic
マダバのモザイク地図

　ヨルダン、マダバにある聖ジョージ教会の床を覆うモザイクは、聖地パレスチナを描いた現存する地図としては最も古いものだ。当時のパレスチナを今に伝えており、ビザンチン帝国を代表する地図といえる。信徒の教育用に作られたため、地図上の各地に聖書にもとづいた注釈が付けられている。地中海の沿岸線は不自然にまっすぐ描かれ、方角も歪んでいる。

　もとは縦6メートル、横24メートルもあり、西アジアのビブロスやダマスカスからエジプトのシナイ山やテーベに至るまでの地域が描かれていたという。現存するのは、縦5メートル、横10.5メートルの断片のみだ。縮尺はユダヤ中心部が1万5000分の1、エルサレムが1600分の1と様々で、エルサレムはその重要性ゆえに不釣り合いなほど大きく描かれている。　　　　　　［542〜570年］

Map of the Nile, Al-Khwârizmi

アル＝フワーリズミーによるナイル川の地図

　イスラム世界の大数学者アル＝フワーリズミー（780〜850年）は、居住可能な世界を緯度によって7つの気候帯に分けたプトレマイオスにならい、地域を気候帯で分け、そこに主要な町、山、川、泉などを記して手描きの要覧を作成した。東を上にしているので気候帯は縦に伸びている。この地図は、1000年から1050年頃の写本に収められた地図4点のうちのひとつ。アル＝フワーリズミーが描いたのか、それとも後から付け加えられたのかは不明だが、イスラム世界で作られたものとしては現存する最古の地図だ。ナイル川が、右端の伝説の「月の山脈」から2本の川となって流れ出し、左端のアレキサンドリアで地中海に注ぎこんでいる。

［11世紀の模写］

Chapter 1
This Land Is Our Land

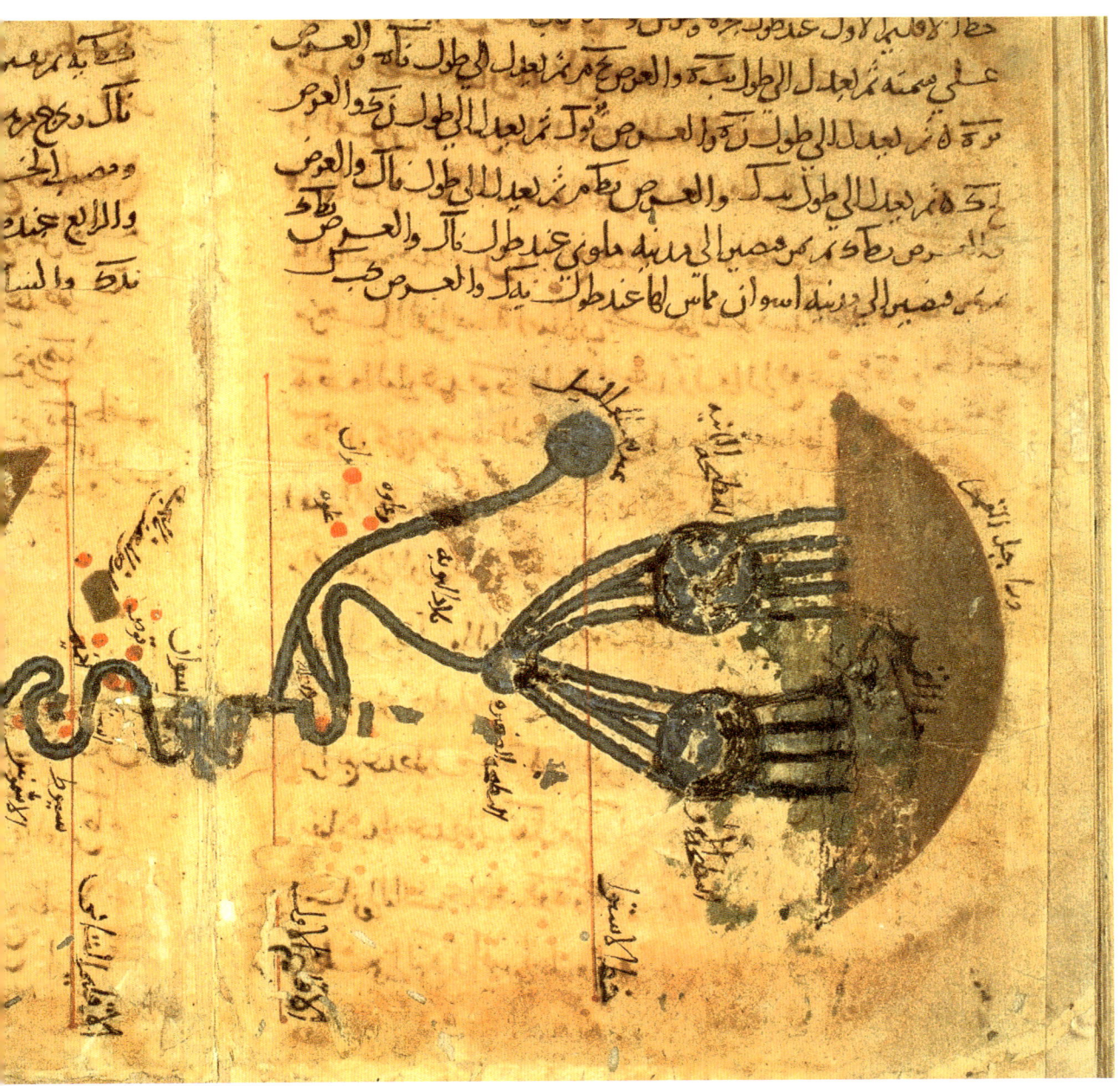

South Russia and Azerbaijan, Al-Istakhri

アル＝イスタフリによる
ロシア南部とアゼルバイジャンの地図

　バルヒー学派の地図は、地図というより美しい抽象画のように見える。ロシア南部とアゼルバイジャンを描いたこの図は、アル＝イスタフリが952年に記したイスラム地理書で見られる。同書には地域ごとに詳しい解説が加えられ、世界地図1点、海洋地図3点（地中海、インド洋、カスピ海）、イスラム諸地域の地図17点が収められている。タイルのように並べてひと続きの地図にすることはできないが、10世紀のアッバース朝で知られていた地域の姿を描き出している。

［952年］

Tigris and Euphrates, Al-Istakhri

Chapter 1
This Land Is Our Land

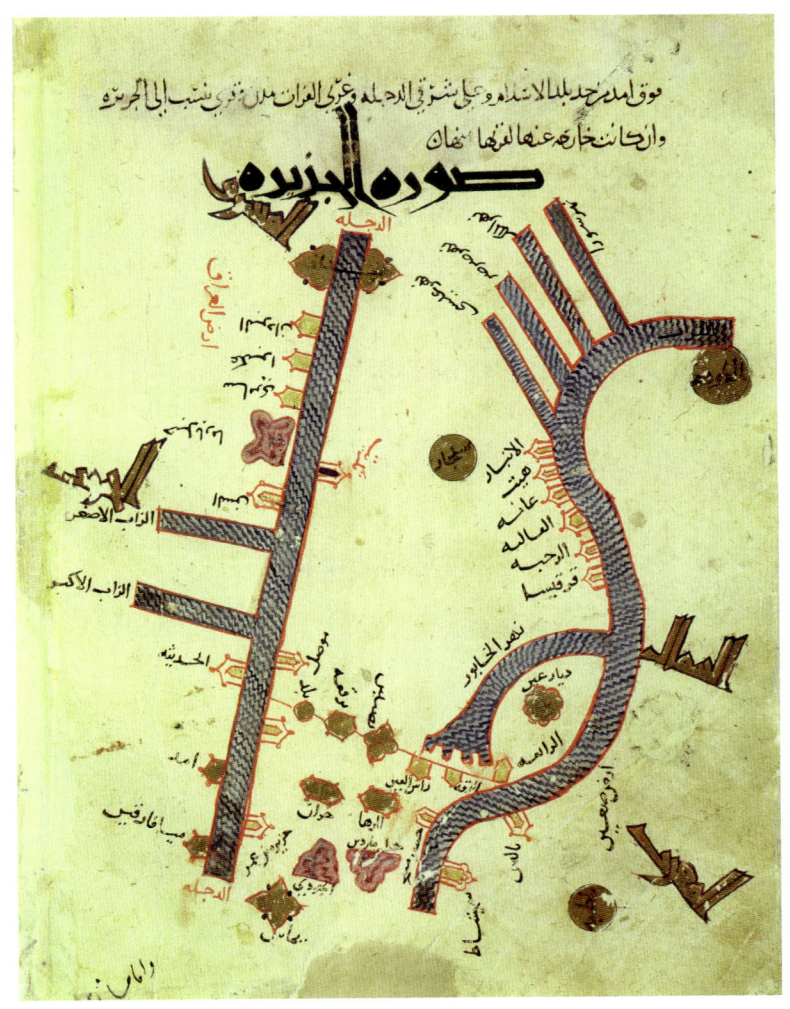

アル＝イスタフリによる
チグリス川・ユーフラテス川流域図

　アル＝イスタフリは、メソポタミアを流れるチグリス川とユーフラテス川の流域図も描いている。

　バルヒー学派は、地図上のすべてを直線と簡単な曲線で表現する。川は平行線で挟まれた太い青線で示し、湖や町などは、丸、四角、四点星といった規則的な幾何学模様で描いていく。縮尺の概念はなく、各地点間の距離は移動にかかる日数で表される。

　この地図は、隊商宿のあるキャラバンルートを示すことが目的だったようだ。　　　　　［952年］

23

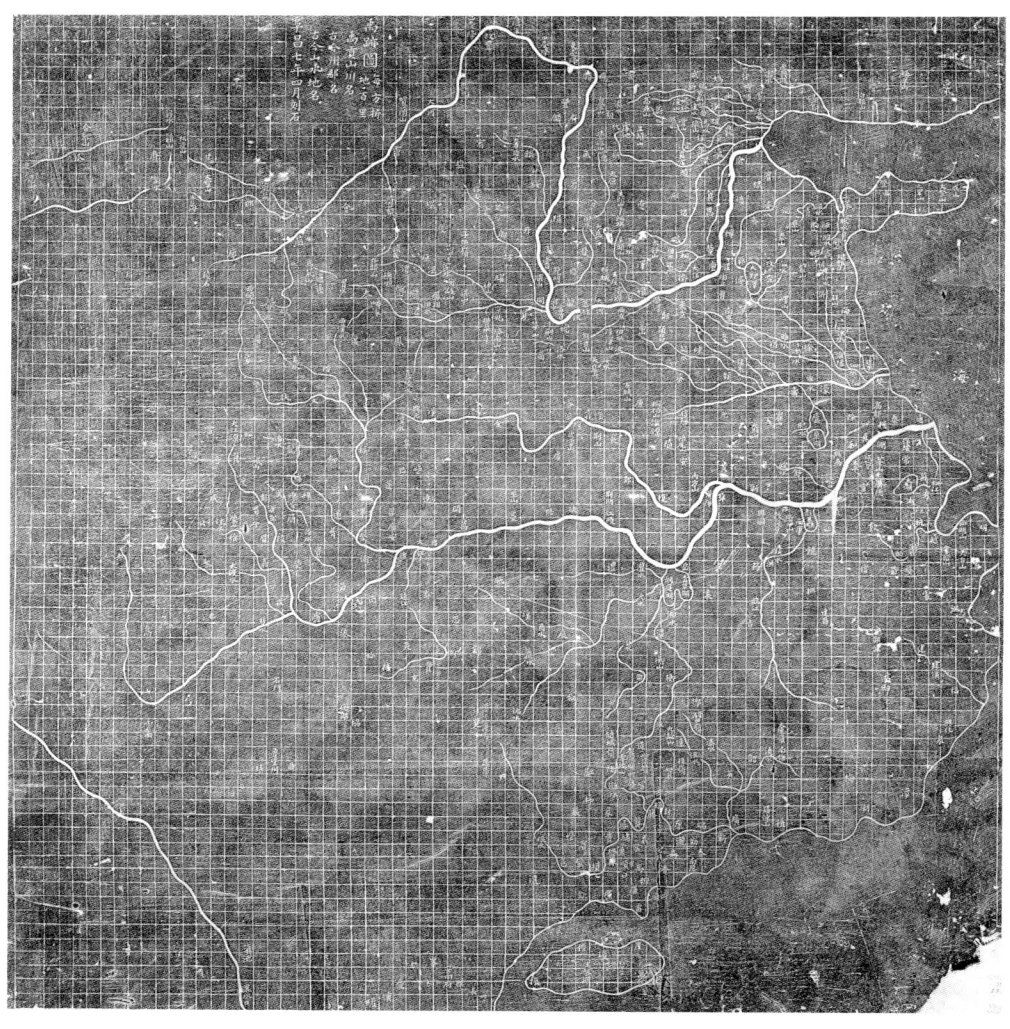

Yu Ji Tu

禹跡図(うせきず)

　高さ約1メートルの石碑に刻まれたこの地図は、中国の海岸線と河川網、なかでも長江(揚子江)と黄河を驚くほど正確に描いている。治水事業で全国を歩き回った伝説上の王・禹にちなみ、「禹大王の事業跡の図」、すなわち禹跡図と呼ばれている。

　1137年に製作された、現存する中国最古の方格図で、5000個の方眼が描かれている。マス目の一辺は100里(約50キロ)だ。

　統一された古代中国の姿が描かれているが、この地図が作られた宋王朝の時代は統一とは程遠い状態だった。石碑であるため拓本にも用いられた。

［1137年］

Chapter 1
This Land Is Our Land

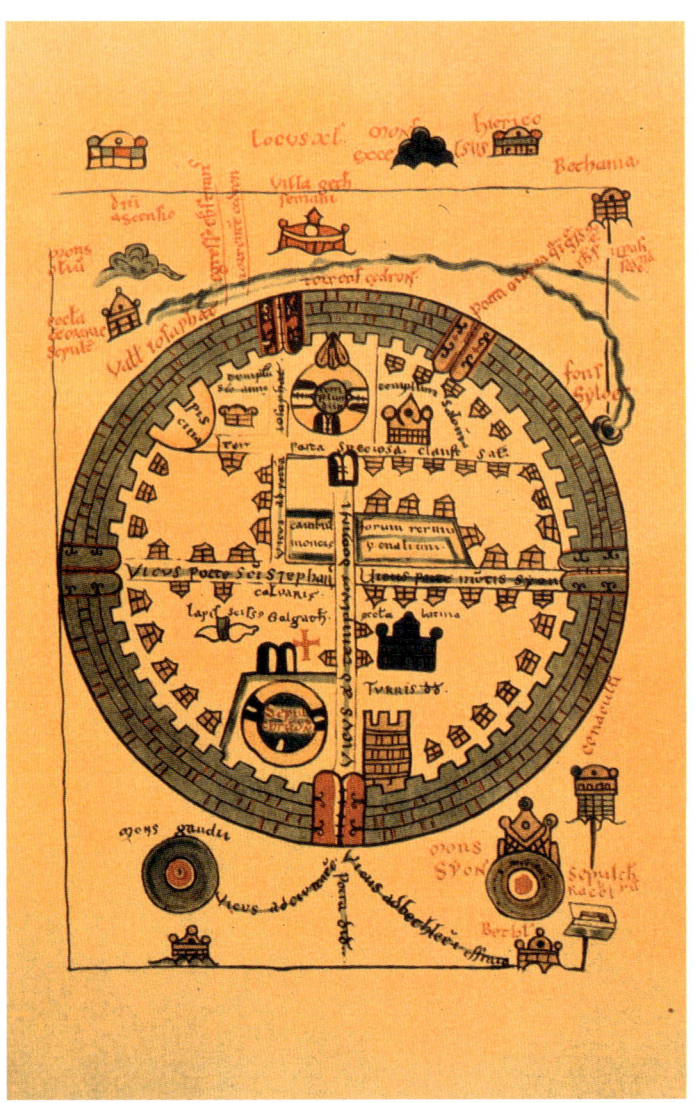

St Omer Crusader Map of Jerusalem

エルサレム十字軍地図

　聖地エルサレムの周辺を描いた地図は、1099年に十字軍がエルサレムを奪還し、十字軍国家を樹立した直後からさかんに描かれ始めた。ヨーロッパの都市図の歴史はここに始まるといえるだろう。この図はフランスのサントメール公共図書館が所蔵する13世紀のもの。こうした初期の地図は、慣習的に都市を円で表し、周囲を門のある城壁で囲い、主要な道路を描く。城壁内の建物は立面図で表される。巡礼者や十字軍兵士に関係のない道路や建物は示されず、エルサレム市内の多くが空白になっている。　　　　　　　　　［13世紀］

25

The Gough Map of Britain

ブリテン島を描いたゴフ図

　18世紀の古物商リチャード・ゴフが発見した地図（ゴフ図）はブリテン島を描いた現存する最古の地図で、おおむね正確に描かれている。

　ロンドンから延びる5本の主要道路に沿って様々な情報が記されており、経路図（チャプター2参照）の一種でもある。経路の周辺にある川や町、海岸線をはじめ、ヨークシャー州やリンカンシャー州の地方道路も描かれている。ウェールズ、コーンウォール、スコットランドにおいて、それらはおおむね正確に配置されているが、海岸線の形状の精度は低く、縮尺も正しくない。このため、道路上の距離表示（単位のマイルが地域によって異なる）と地点間の距離は比例していない。東を上としている。

［1355〜1366年］

Albertinischer Plan

アルベルティーニシャー図

　ウィーン（現在のオーストリアの首都）とブラチスラバ（現在のスロバキアの首都）を描いたアルベルティーニシャー図は、縮尺が使われたヨーロッパ最古の都市図で、ウィーンを初めて描いた地図でもある。

　ここでの町や市の描き方は、時代や文化を問わず、よく用いられる手法だ。つまり、城壁を上から鳥瞰的にとらえたうえで、城壁の塔や門、城壁内の建物を立面図で表す。右下には、「ペース」という古代の距離単位で縮尺が示されている。この図は15世紀中頃の模写で、もとの図は1421年か1422年に作られたという。　　　　　［15世紀中頃の模写］

Chapter 1
This Land Is Our Land

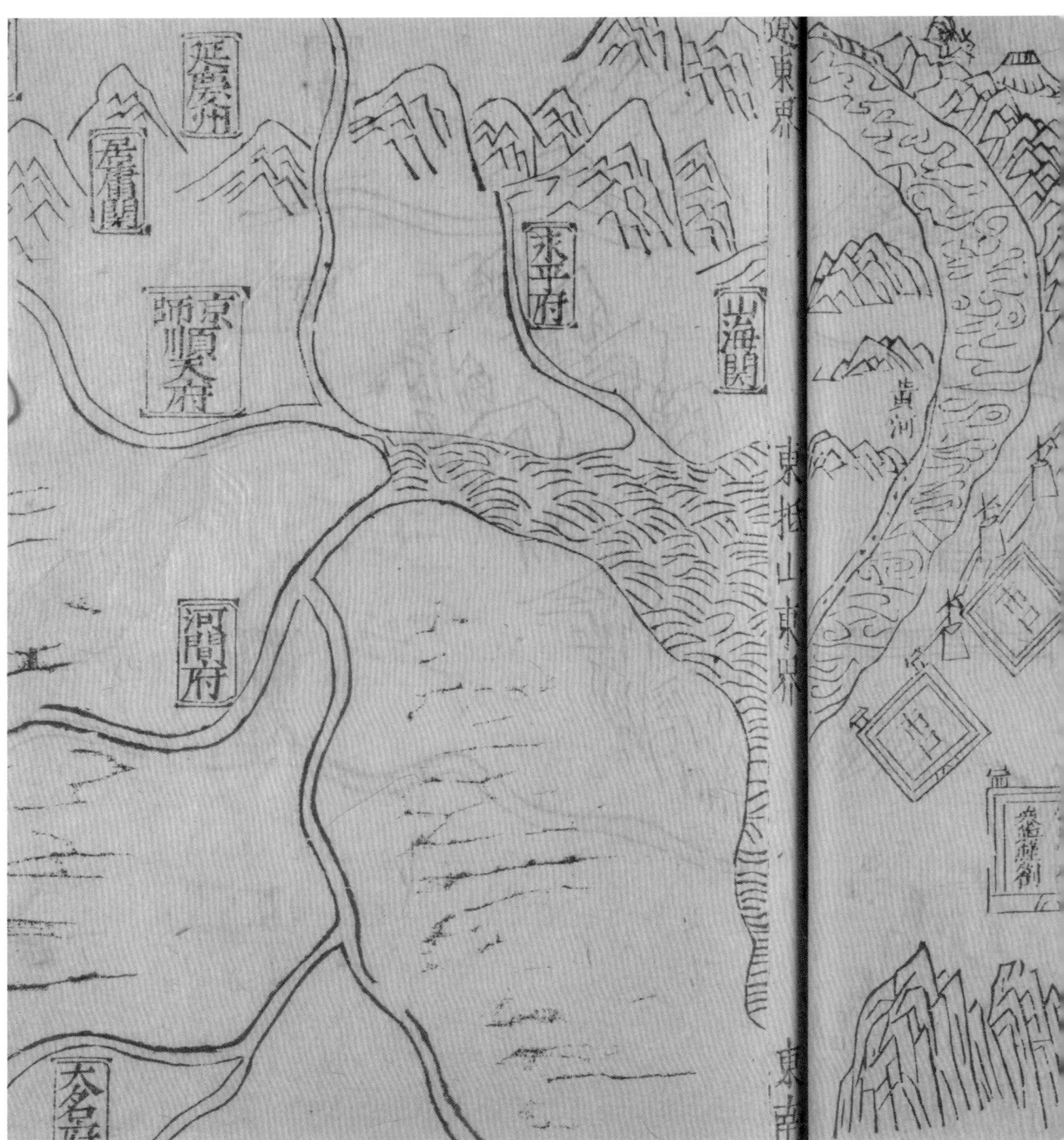

Chapter 1
This Land Is Our Land

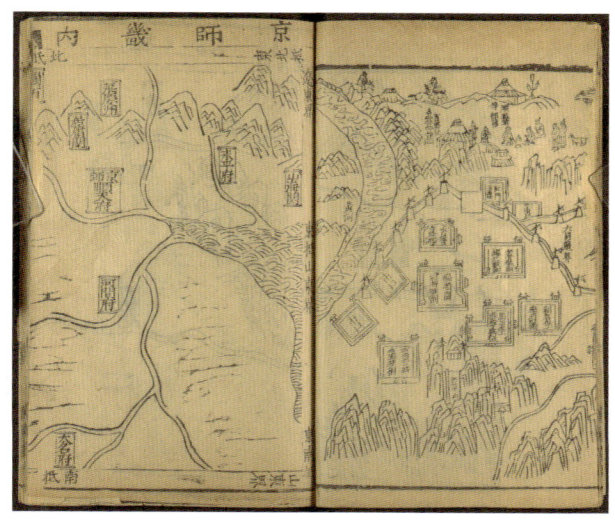

Da Ming Yitong Zhi
大明一統志
だい　みん　いっ　とう　し

　大明一統志は、中国の明朝が40年余りにわたって収集した情報をまとめ、1461年に完成した地理書だ。中国全土の地図から始まるが、全2800ページの中で、地図はこのほかに13点しかない。地理書とはいっても、とくに地図が文章より重視されていたわけではなさそうだ。大明一統志の地図は、その300年以上前に描かれた禹跡図（P.24）より不正確で、河川や沿岸部もおおまかに描かれている。

［1461年］

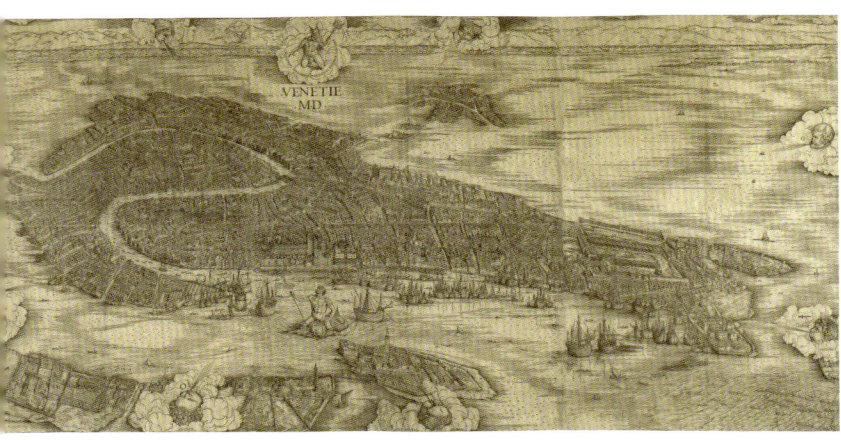

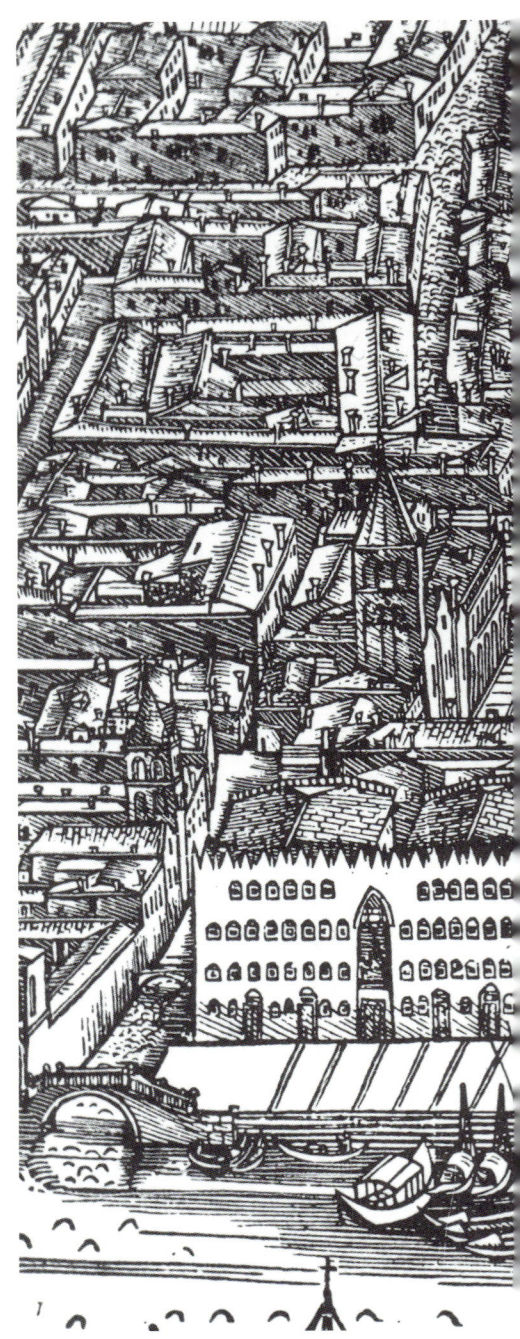

Venice, Jacopo de' Barbari

ヤコポ・デ・バルバリによるベネチア鳥瞰図

　これはイタリアのベネチアを描いた驚くべき鳥瞰図だ。作者はヤコポ・デ・バルバリ、刊行されたのは1500年である。当時、都市を上空から見るという体験に初めて接した同時代人の驚きは想像に難くない。この鳥瞰図を描くには思い切った発想の転換が必要だったろう。そもそも宙に浮かぶことができない人間にとって、自らが体験できない角度からの視点など確認しようがないものだったはずだ。この地図は、都市の全貌をまるごと把握できる初めてのものとなった。建物の集合する様子を高い視点から描いたというだけでなく、都市の有機的な姿と構造を示したのだ。

　大きさは縦130センチ、横280センチ。6枚の版木からなり、当時のヨーロッパで最大の紙に印刷されている。建物、運河、小道など、目に入るあらゆる建築物を調べ尽くしたうえで描いており、完成までに3年を要した。　　　　　　［1500年］

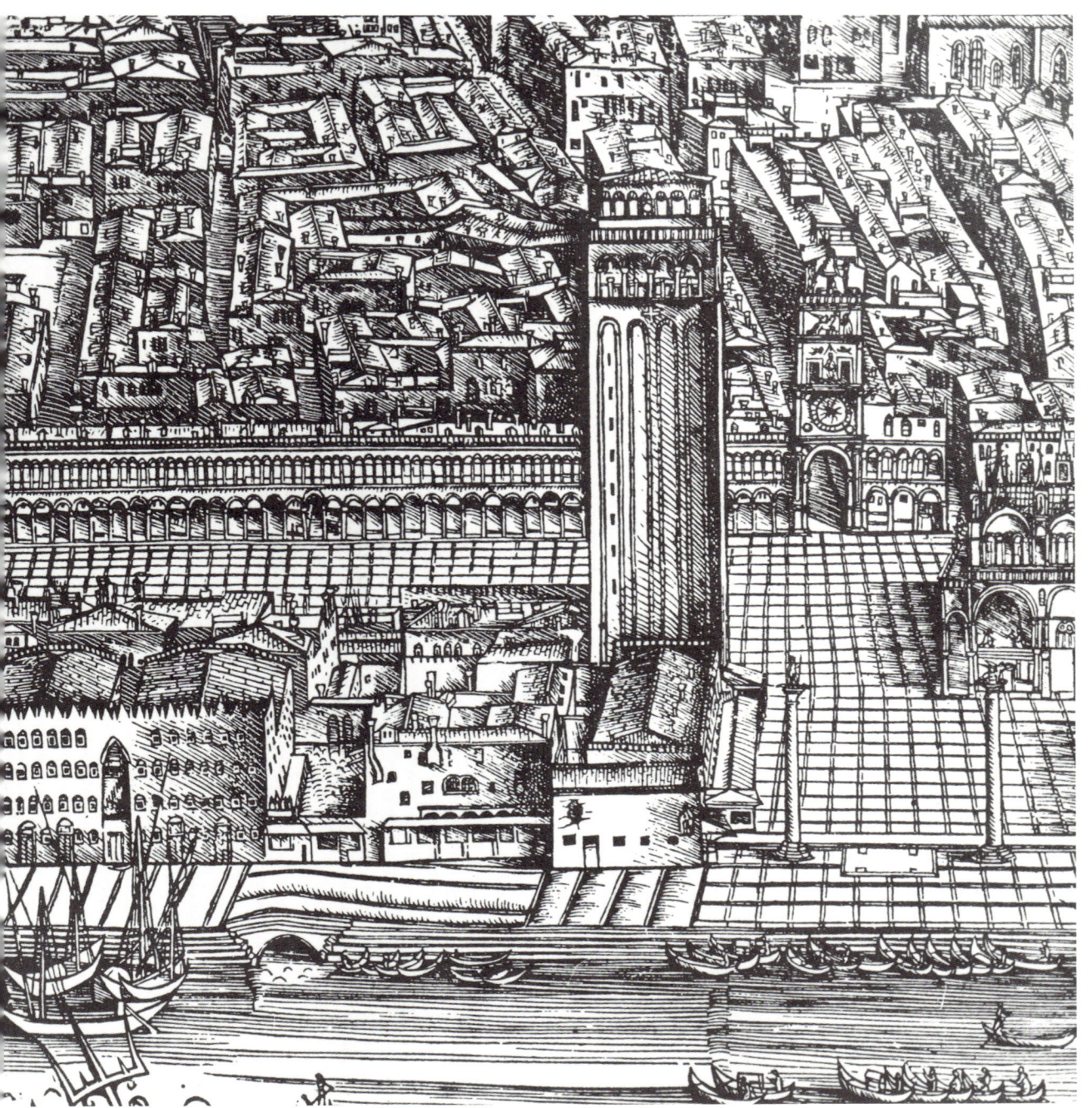

Chapter 1
This Land Is Our Land

Imola, Leonardo da Vinci

レオナルド・ダ・ビンチによるイモラの市街図

　鳥瞰図と並ぶ、地図作成法におけるもうひとつの革新が平面図だ。イタリアの都市イモラの地図は、1502年にレオナルド・ダ・ビンチがインクと水彩絵の具で描いたもの。

　城壁、通り、河川、建物、畑を真上から描いた図は、今日の私たちが抱く地図のイメージそのものといえる。ひとつの視点ではなく無数の視点からとらえれば、地上にあるすべてのものは平面図に描ける。この図でも建物や土地はもれなく記載され、しかもその精度は高い。

　レオナルドは結び目のあるロープやオドメーター（走行距離計）を手に歩きながら距離を実測し、縮尺で表した。レオナルドの手稿には、オドメーターのデザインが残されている。手押し車のような測量機器で、あらかじめ円周のわかっている車輪を地面の上で転がしながら測量した。　［1502年］

Tenochtitlán,
Codex Mendoza

Chapter 1
This Land Is Our Land

メンドーサ絵文書

　メソアメリカ文明の地図には、地理だけでなく歴史も織り込まれている。これは、1540年代に描かれたアステカ王国の首都テノチティトランの絵図だ。1325年の都市建設に近い頃の様子が示されている。図の中央に描かれた、岩から生えたサボテンの下には都市の名前が書かれ、青い外枠は圏外であることを示す湖、斜めの青い線は主要な運河を表している。

　絵図が示すのは実際の地形ではなく、住民たちが考えていた社会のあり方であり、これが四つの区画に分けられて表現されている。湖の外側には歴史を示す四角い図が並ぶ(ここでは示されていない)。サボテンに舞い降りた鷲は都市の創設神話を表している。ウィツィロポチトリ神の使いである鷲が、この地に都市を築くようにとクルワ・メシカ族に示している場面だという。　　[1540年代]

Venice, Piri Reis

ピリ・レイスのベネチア図

　ピリ・レイスは、オスマン・トルコの海軍提督であると同時に地図製作者でもあった。1525年には『海洋の書』(キターブ・バフリエ)を出版。そこには航海の手引書と精巧な海図が収められている。どれも航海士用のポルトラノ海図(P.89)である。ポルトラノ海図は一般に陸地を詳しく描かないが、この図はその慣習を無視し、都市を非常に美しく描き出している。運河が縫うように走り、まるで海上の都市のようだ。添えられた金が、色鮮やかなインクを引き立たせている。　　　　　　［1525年］

Tenochtitlán, Cortés Map

コルテスによるテノチティトラン図

　この木版画は、アステカの征服者エルナン・コルテスがスペインのカール5世に送った2通目の報告書簡の描写に沿って、1524年に作られた。中央の祭祀区域の左下に見える鳥類舎は、報告書の描写通りに描いた一例だ。ヨーロッパで初めて描かれた、アステカ王国の首都テノチティトランの姿である。アステカの都市とはいえ描き方は実にヨーロッパ的で、湖上の家々や活動風景はまるでベネチアの地図のように見える。祭祀区域は不釣り合いに大きい。湖に囲まれたこの都市はいくつもの堤道で湖岸とつながっており、湖岸には別の都市が描かれている。　　　　　　　　　［1524年］

TEMIXTITAN

templum ybi sacrificant,
Capita lacu... heatru,
... Capuleu
Capita sacrificatoru,
Dom̄ ai'aliū

plaza

Templū ybi orant

Aggeres ad hibidam domoni a Lacus Fluctib3

38

Chapter 1
This Land Is Our Land

Tabriz, Iran, Matrakçi Nasuh

マトラクチュ・ナスーフによるイランのタブリーズ市街図

　ボスニア系ムスリムのマトラクチュ・ナスーフは、オスマン帝国軍の騎士であり、優れた弓の遣い手だった。博学多才で5カ国語に通じ、幾何学と数学で重要な著作を残している。1534年から1535年にかけて、スレイマン1世のイラン・イラク遠征に同行し、その時の記録をまとめた。この書には、行軍の途中で通過した諸都市の細密画が収められている。イラン北西部の都市タブリーズの市街図もそのひとつで、全景を平面的にとらえつつ、建物、橋、木々などは立面図で描いている。　［16世紀］

39

The Siege of Vienna, Hans Sebald Beham

ハンス・ゼーバルト・ベーハムによる
第一次ウィーン包囲図

　ハンス・ゼーバルト・ベーハムによって製作されたこの図は、オスマン・トルコによる1529年の第一次ウィーン包囲を描いた鳥瞰図だ。包囲戦を描いたもの特有の、軍事的、宗教的な描写にあふれている。キリスト教世界の最後の砦であることを印象づけるために、教会以外の建物はほとんど省略し、空いたスペースに侵略者に立ち向かう様子が描かれている。そこには市民の誇りが表現され、市街図や景観図を特徴づけるような通常の生活を匂わせるものはどこにもない。　　　　　　［16世紀］

Chapter 1
This Land Is Our Land

Tultepec and Jaltocán Regions, Mexico, Ayers Manuscript

トゥルテペックとシャルトカン地域の土地訴訟文書

　この図は、メキシコのシャルトカン地域の先住民とスペイン人羊牧場経営者の間で争われた土地の地図だ。メキシコの土地訴訟に関する文書の中に収められている。スンパンゴ湖とシャルトカン湖の間にあり、サンタ・イネスの農園の南端に隣接している。首都メキシコシティからは北に32キロほどのところに位置している。

　イチジクの樹皮から作られたアマテ紙に、ペンと水彩絵の具を使って描かれている。東が上で、縮尺は用いていない。　　　　　　　［1569年］

Ammassalik
Coast of Greenland,
Kunit Fra Umivik

ウミビック村クニットの流木地図

　グリーンランドに住む北方民族は、海岸線や島々の地形を木片に刻んで地図を作った。右の写真は、ウミビック村に住むクニットが1880年代以前に製作したもので、木片を一周するように彫ることでグリーランド東岸のアンマサリクの海岸線を表している。

　これをカヤックに積んでおき、触れることで位置を確認できるように毛皮の手袋の中で使われたようだ。この辺りは水も空気も冷たく、船上で手袋を外すと凍傷の危険がある。また、ペンや絵の具で描かれた地図は海水に弱く傷みやすいが、木製の地図なら損傷に強くいつまでも使える。

　この地図で示されるのは海岸線だけではない。表面には、船の陸揚げに適した古い小屋の場所や、海路が氷で閉ざされたときにカヤックを持って移動できる陸路などが細かく彫り込まれている。

［1880年代以前］

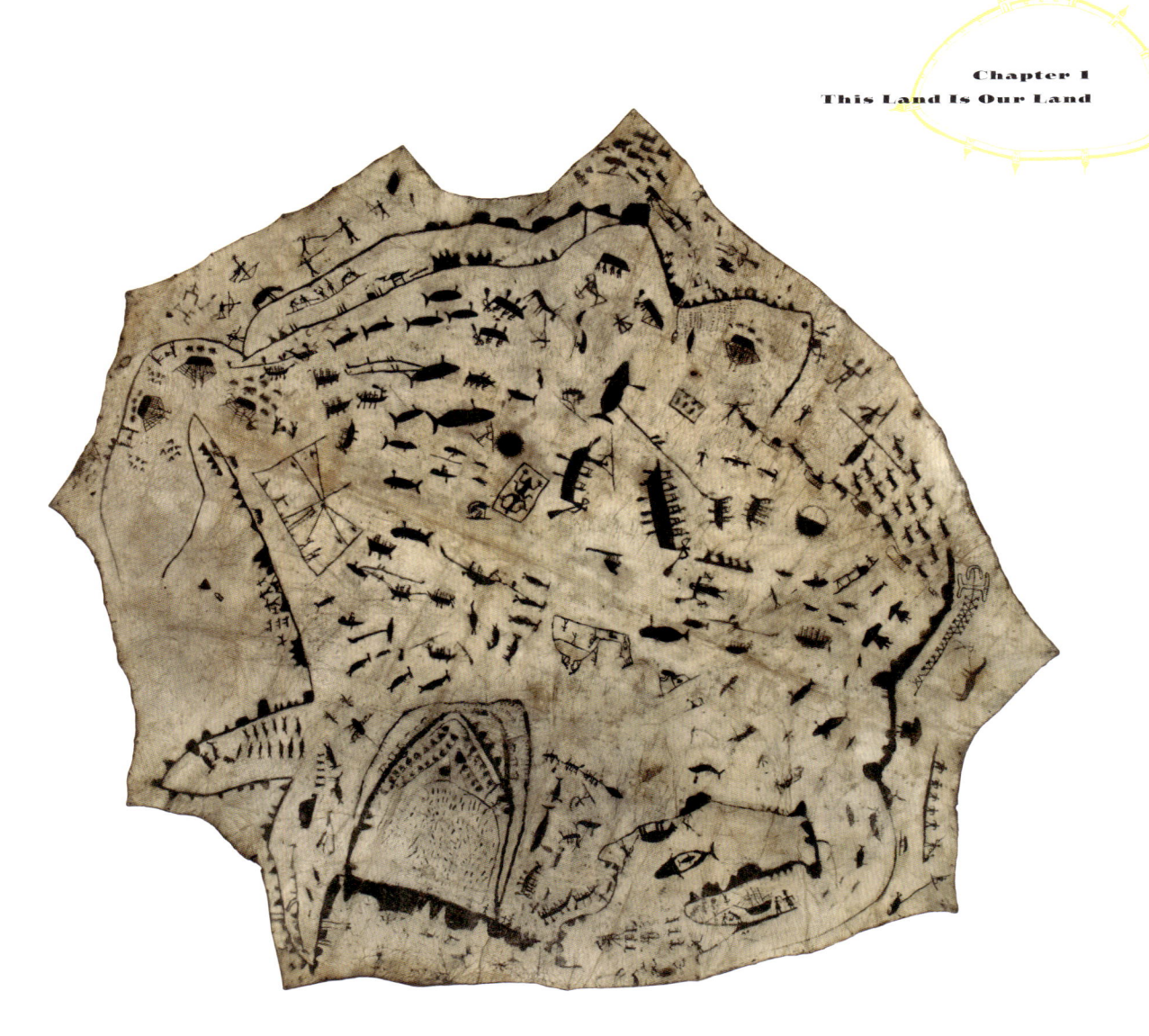

Chapter 1
This Land Is Our Land

Chukchi Peninsula

チュクチ半島図

　アザラシの革にチュクチ半島沿岸を描いたこの図は、1870年頃、アメリカの捕鯨船の乗組員によってもたらされた。これが地図なのか、それともチュクチ人の日常生活を細かく描いた絵なのか、専門家の意見は分かれている。

　チュクチ半島は極東ロシアに位置し、海を隔てて米国アラスカ州と向かい合っている。この半島図には、プロビデニャ湾、チャップリノ村といった場所がすべて示されているほか、チュクチ人の集落や、その争いの場面、さらにはクジラ、セイウチ、クマ、アザラシの狩りの様子なども描かれている。

[1870年頃]

43

Shinpan Settsu Osaka

新板摂津大坂東西南北町嶋之図
しんぱん　　　　　　　　　　　まちしまのず

　これは刊行された大阪市街図の中で現存する最古のものだ。1655年に製作された木版画である。地図の上が東、当時の慣習で城を一番上に置いている。行政用ではなく、民間での利用を目的としている。街路沿いの町家は黒刷りで示されるが、城内や周辺の神社、寺、名所旧跡のような見どころは絵画的に表現されている。測量にもとづくものではなく、略図的に都市を描いた地図である。［1655年］

Chapter 1
This Land Is Our Land

New Zealand, Tuki Te Terenui Whare Pirau

トゥキ・テ・テレヌイ・ファレ・ピラウによるニュージーランドの地図

　先住民マオリによる最古のニュージーランド地図とされる。トゥキ・テ・テレヌイ・ファレ・ピラウが、長年の知識と経験にもとづいて1793年に描いたものだ。西が上になっている。マオリには長い距離を測る単位はなく、縮尺は不正確で、沖合の島々も描かれていない。

　地図を描くことはマオリの重要な営みだったが、ヨーロッパの探検家や入植者から紙の図を求められる以前は、地図は記録して残すものではなかったようだ。

　この図には、ニュージーランド本島の地形だけでなく、聖なる木（最西端に表示）へと向かう、神話上の魂の通り道「テ・アラ・ファヌイ」（図中の二重の破線）も示されている。死んだ人の魂はこの木を伝って地底の冥界ラロヘンガへと降りていくという。

[1793年]

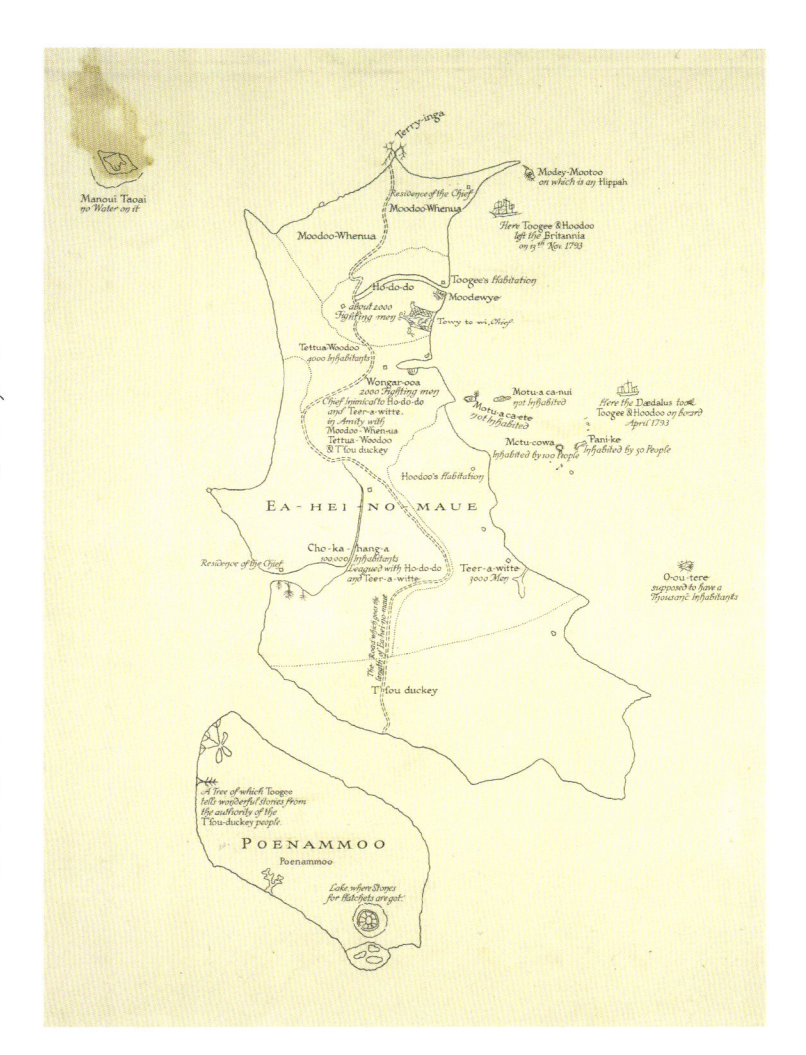

45

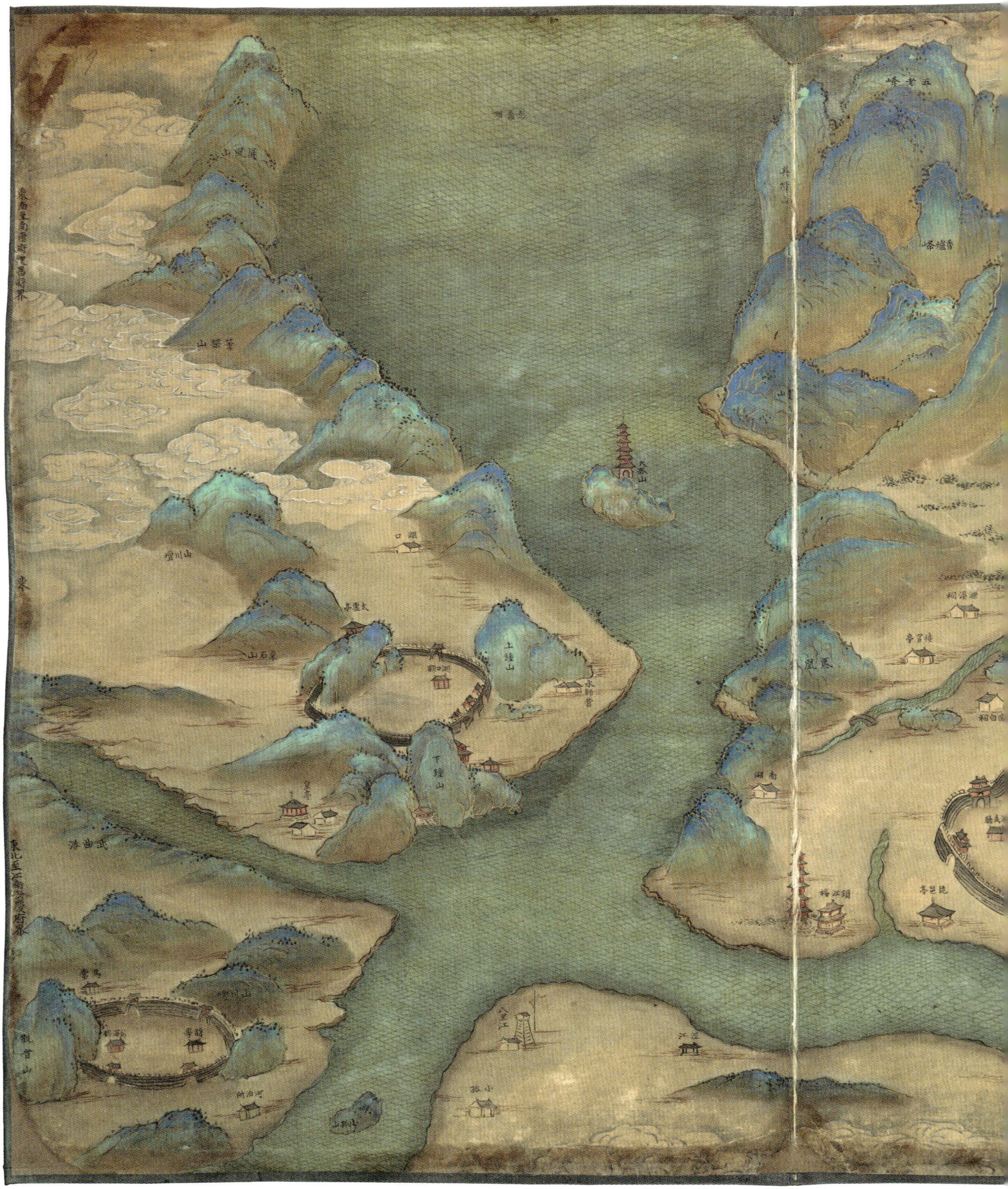
湖口
上鐘山
下鐘山
水師營
五老峰
香爐峰

Chapter 1
This Land Is Our Land

Jiangxi Province, China

九江府治図
きゅうこうふちず

　絹の生地に描かれたこの地図は、中国南東部の江西省九江府(現・九江市)を示したもの。全長は約7メートルもあり、折り畳んだ状態で一部を机に広げ、部分ごとに眺めるように作られている。傾いて見える平野と高くそびえる山を組み合わせることで、多様な視点を用いている。

　各地区の歴史的な境界、道路、河川、支流などが記され、北辺には長江も描かれている。壁に囲まれた集落は町を表している。行政府の建物や儒教を学ぶ学校がひときわ大きく描かれているところに行政上の目的がうかがえる。　　　　［18世紀］

47

New London, Christopher Wren

クリストファー・レンによる新生ロンドン図

　1666年に起きた英国ロンドンの大火は、壁に囲まれた市街のほとんどを焼き尽くし、しばらく焼け野原のまま放置されていた。こうしたなか、野心的な都市再建案を抱いて登場したのが、有能な建築家、クリストファー・レンだ。パリの街並みをモデルに、古代ギリシャ・ローマ風の広い街路と広場のある近代的な街づくりを構想した。

　図の左上に描かれた不死鳥には「ロンドンの廃墟からの再生」という願いが込められている。だが、地形を考慮に入れていないレンの案は大半が実現不可能なものだった。ロンドンは実際に再生を果たしたものの、彼の壮大な計画が採用されることはなかった。ここには、実現されることのなかったロンドンの姿が映し出されている。原図は失われており、右は1744年の模写だ。　　　［1744年の模写］

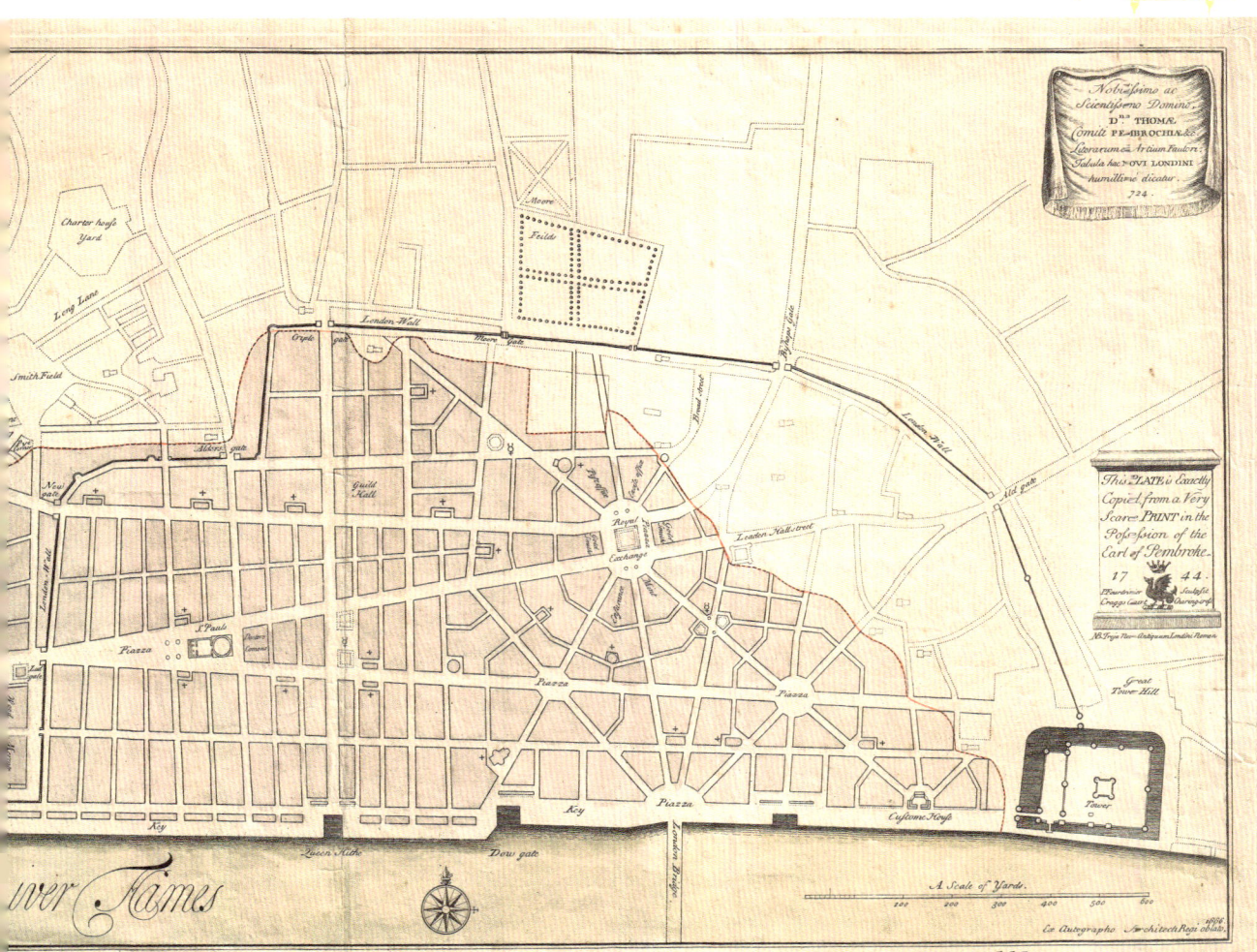

Chapter 1
This Land Is Our Land

49

TABLE ALPHABETIQUE DES VILLES PRINCIPALES DE LA FRANCE
Longitude Occidentale
LA MANCHE
AVERTISSEMENT
OCEAN
NOUVELLE CARTE
Qui Comprend
les principaux Triangles qui servent de Fondement a la Description Geometrique de la
FRANCE
Levée par ordres du Roy
Par Mess.rs Maraldi et Cassini de Thury, de l'Academie Royale des Sciences
Année 1744
ECHELLE
Monts Pirenées
MER MEDITERRANEE
Alpes Montagnes

Chapter 1
This Land Is Our Land

The Cassini Map

カッシーニ図

　フランス全土の最初の官製地図は、18世紀を通じて取り組まれた大事業だ。カッシーニ家の初代に当たるジョバンニ・ドミニク・カッシーニが全土の三角測量に取り組んでから、3代目セザール・フランソワ・カッシーニを経て、息子の4代目ジャン・ドミニク・カッシーニの時代に完成した。

　パリ天文台長だった初代カッシーニは、パリとブレストの2地点で木星の衛星の食現象を観測し、経度を割り出すことに成功した。この正確な経緯度の知識をもとに、フランス全土で初の三角測量を実施した。各地に送り込まれた測量技師の中には、警戒心の強い地元民に襲われたり殺されたりする者もいたという。

　この測量により、フランスの国土は従来の見積もりより20パーセントも小さいことが判明した。国王の私的援助のもと、国家の威信をかけて行われただけに、ばつの悪い結果となったが、このときの測量結果は後のあらゆる地図製作の基本となった。その後、フランス革命で地図製作は中断の憂き目にあう。カッシーニの地図は、革命派によって即座に国有化され、国内に新たな境界線を引くために使われた。

　この地図には、規格化された地図記号が使われている。それまでの地図のように住居や建物を示すことはせず、変わることのない地形（山や川など。湿地や森は含めず）と道路を記した。測量精度は驚くほど高く、現代の衛星画像と比べても遜色がない。地図製作は1744年から1793年にかけて継続され、最終的には合計182点の図版が刊行された。こうして、史上最も正確で詳細な地図が誕生したのである。　　　　　　　　　　　　［18世紀］

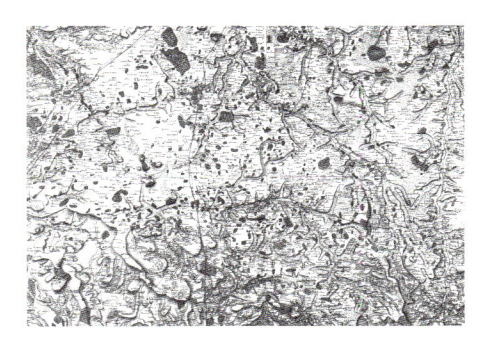

51

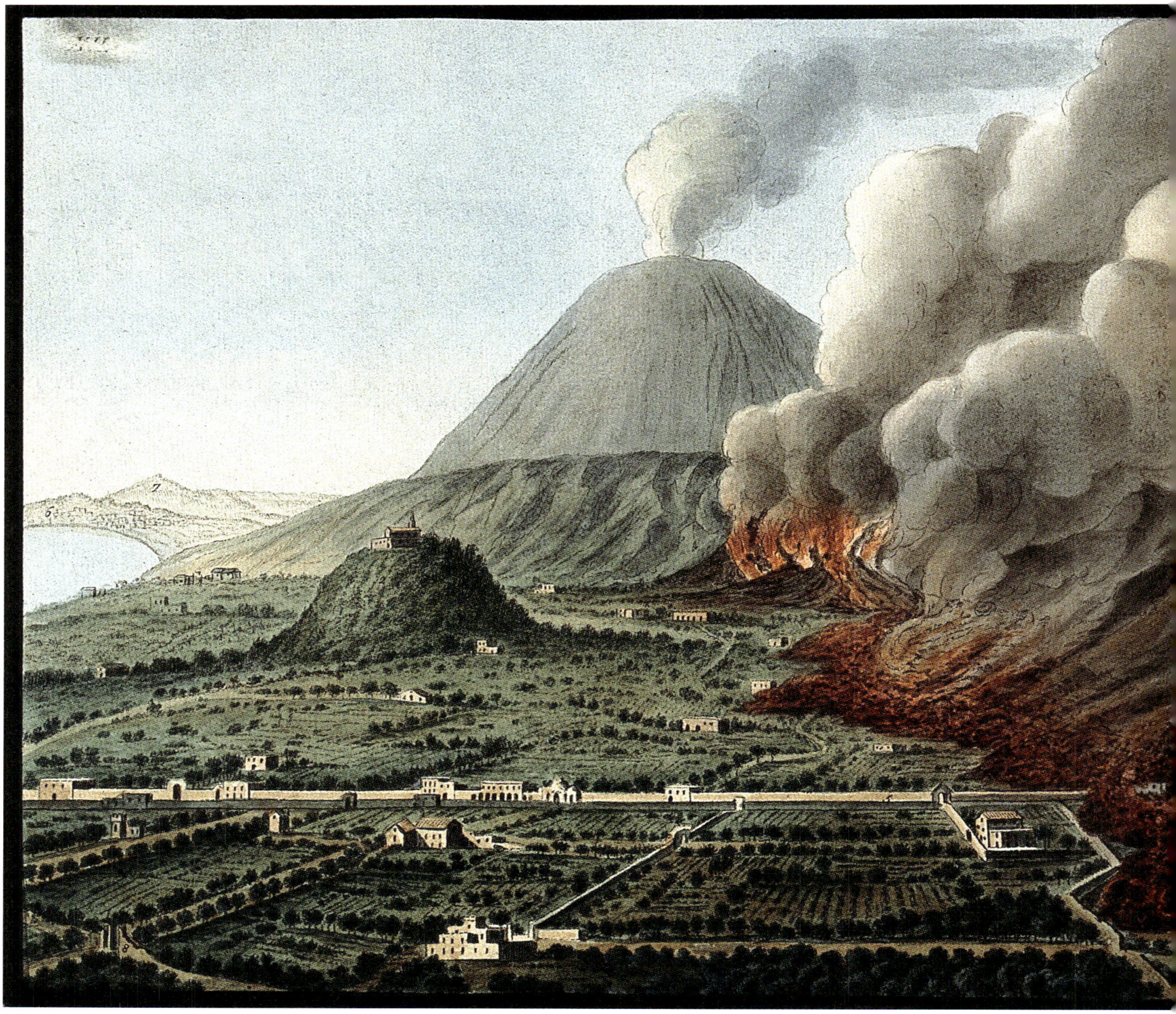

Chapter 1
This Land Is Our Land

Vesuvius, Campi Phlegraei, William Hamilton

ウィリアム・ハミルトンによるフレグレイ平野のベスビオ火山図

　ウィリアム・ハミルトンは、イタリアのナポリ駐在の英国人外交官で、火山学の研究者でもあった。この図は、ナポリ周辺の火山地帯であるフレグレイ平野を描いたもの。1760年から1761年にかけての、ベスビオ火山の大噴火の様子が図の半分を占めている。息をのむ破壊の光景は、景観を一変させるとともに、地図が変わりゆくものであることを私たちに思い起こさせる。　［1760～1761年］

53

The Pacific Islands, Tupaia

ツパイアによる
太平洋島嶼(とうしょ)

　右の図は、英国人探検家のジェームズ・クックによって製作された。太平洋の島々に詳しいタヒチ人船乗りのツパイアに教わりながら描いたか、もしくはツパイアの原図を参考に描いたとされる。米国の面積より広い範囲に点在する島々が記されており、当初この地図は絶賛された。だが、タヒチから遠い島の配置には誤りが多いこともわかっている。タヒチ人の方角の示し方に対するクックの誤解も原因のようだ。

　ツパイアは、ヨーロッパの海図に触発されて地図を描き始めた。ここに示される島々の半分は、当時、ヨーロッパの船乗りには知られていなかったという。島の大きさは実際とは違い、伝説や歴史におけるその重要性と関係している。また、タヒチ人船乗りは、目にする鳥や魚の種類から、どの島のどの辺りにいるかを知ったらしい。

　ツパイアは英国へ帰るクックに同行することを承諾し、太平洋上でエンデバー号の舵を取ったが、途中ジャカルタで病死した。　［1769〜1770年］

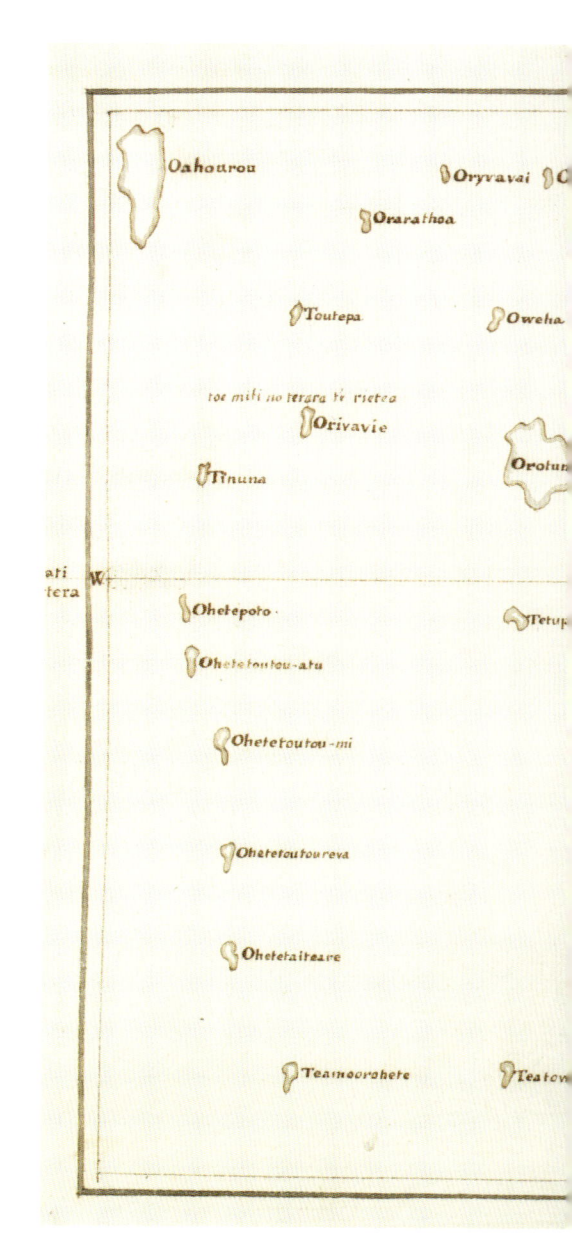

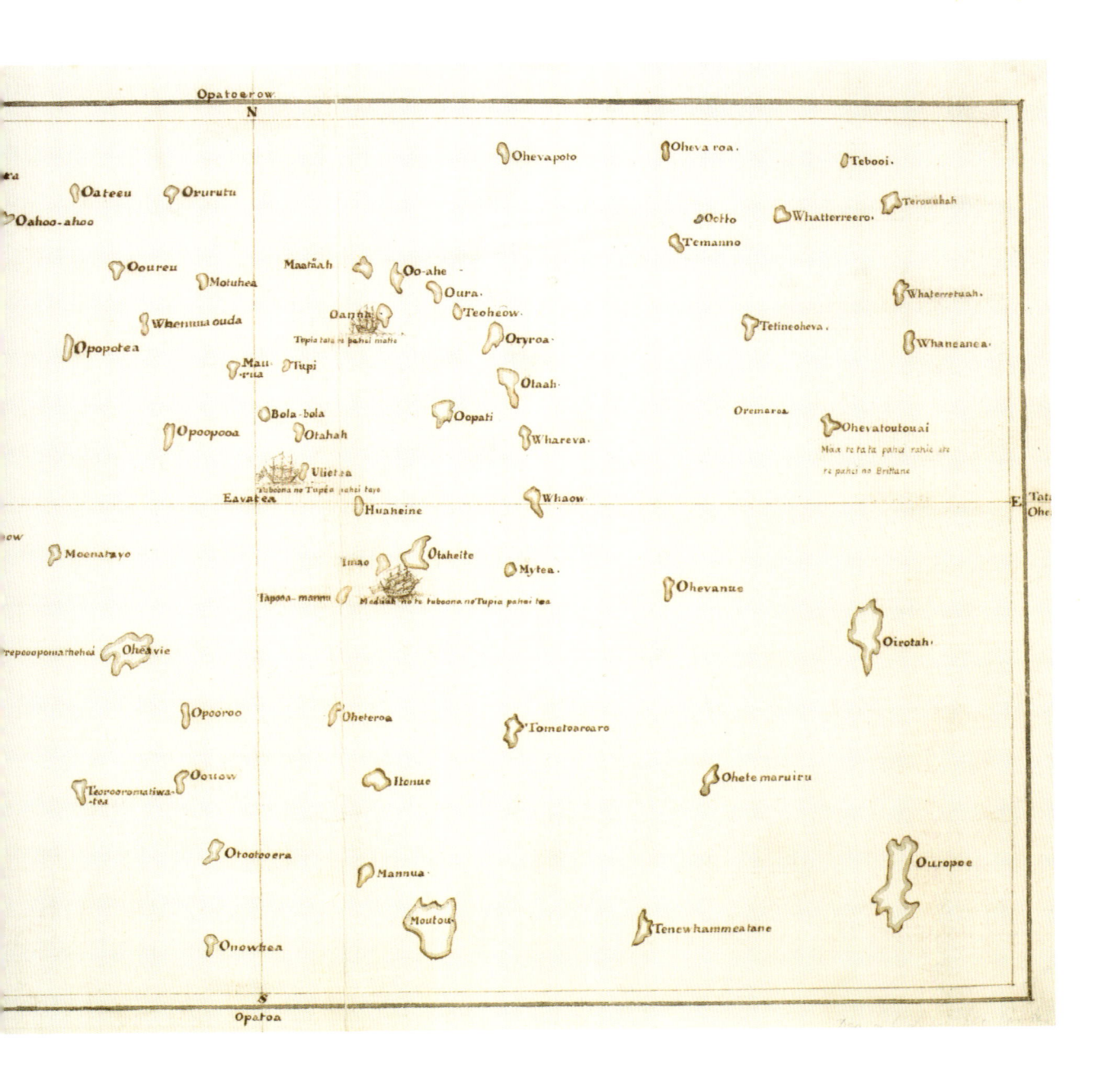

Chapter 1
This Land Is Our Land

First British OS Map, London to Kent Coast
英国陸地測量局による初めての官製地図

　フランスに次いで、国家による画期的な地図製作事業に乗り出したのは英国である。1746年に、スコットランド氏族の反乱を平定するため、軍事測量部隊（陸地測量局の前身）がスコットランドの詳細な地図作りに取り掛かった。この時には3万6000分の1の縮尺が用いられた。1790年には、イングランドとウェールズの地図製作も正式に始められ、まずは英南岸から着手された。こうして1801年に刊行された初めての官製地図が、6万3360分の1のケント州の地図である。三角測量の基線は、従来通りロンドン西部のハウンズロー（現在のヒースロー空港の一部を含む地域）を通る形で引かれたが、誤差は8キロにつき約7.5センチという、きわめて精度の高いものだった。

　プロジェクトを長く率いたトーマス・コルビーは自ら測量隊を率い、測量や設営を手伝うだけでなく、測量終了後のパーティーまで企画して、特大のプラムプディングで祝った。　　　　　［1801年］

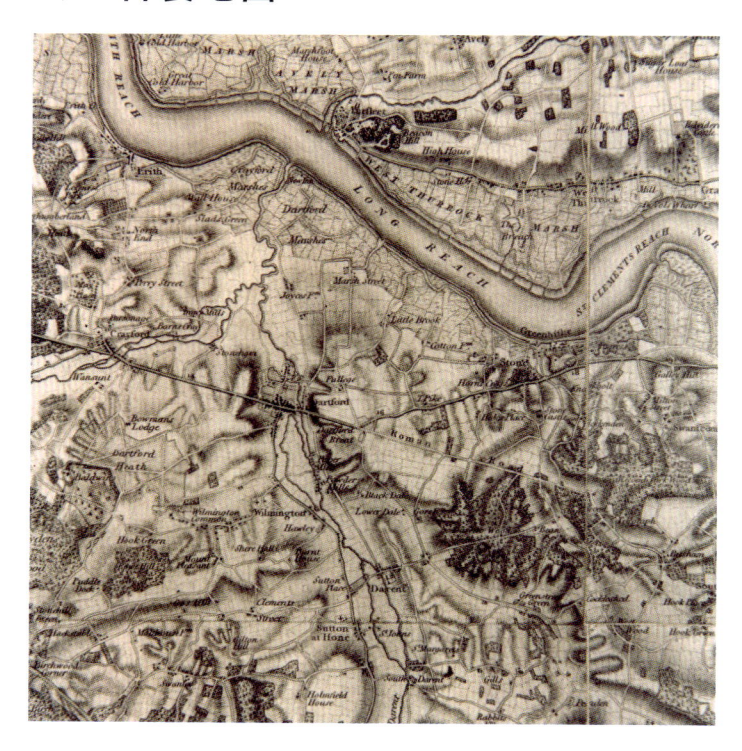

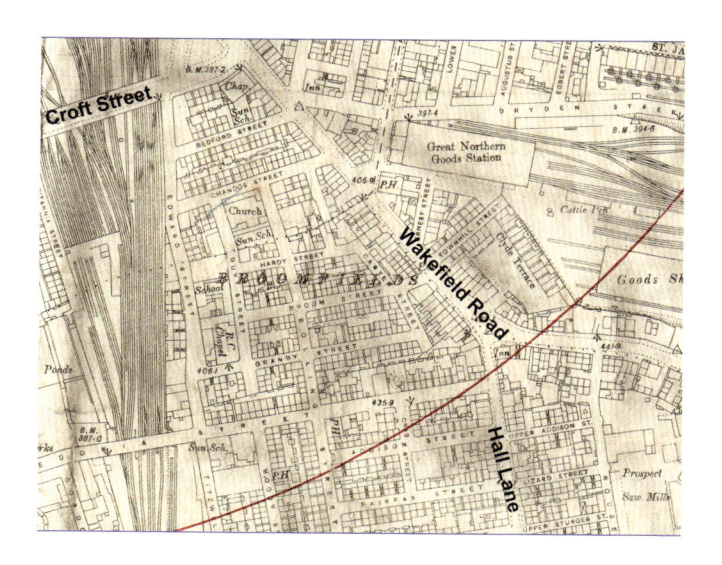

Broomfields
ブルームフィールズを描いた官製地図

　英国陸地測量局の地図は、今日に至るまで改良され続けている。1893年に製作されたこの図は、イングランド北部のブラッドフォードの歴史地区、ブルームフィールズを描いたもの。地図上の住宅密集地は、産業革命期の都市に現れ始めた、労働者階級の住居を表している。　　　　　［1893年］

Chapter 1
This Land Is Our Land

St Columb Major, Cornwall

コーンウォール州セント・コロンブ・メジャーを描いた官製地図

英国陸地測量局の古参測量士の一人による素描。南東を上に、イングランド南西端のコーンウォール州セント・コロンブ・メジャーを描いている。こうした詳細なスケッチが、地図製作の基礎となった。この図では、錫と銅の採鉱場を示し、その見分け方を地図の下で説明している。

さらには、肖像画家ジョン・オーピーの出生地で、"ハーモニー・コット"と呼ばれる別荘まで書き込んでいる。もちろん、こうした遊び心は完成版の地図には見当たらない。　　　　　　　［1810年］

57

Japan, Ino Tadataka

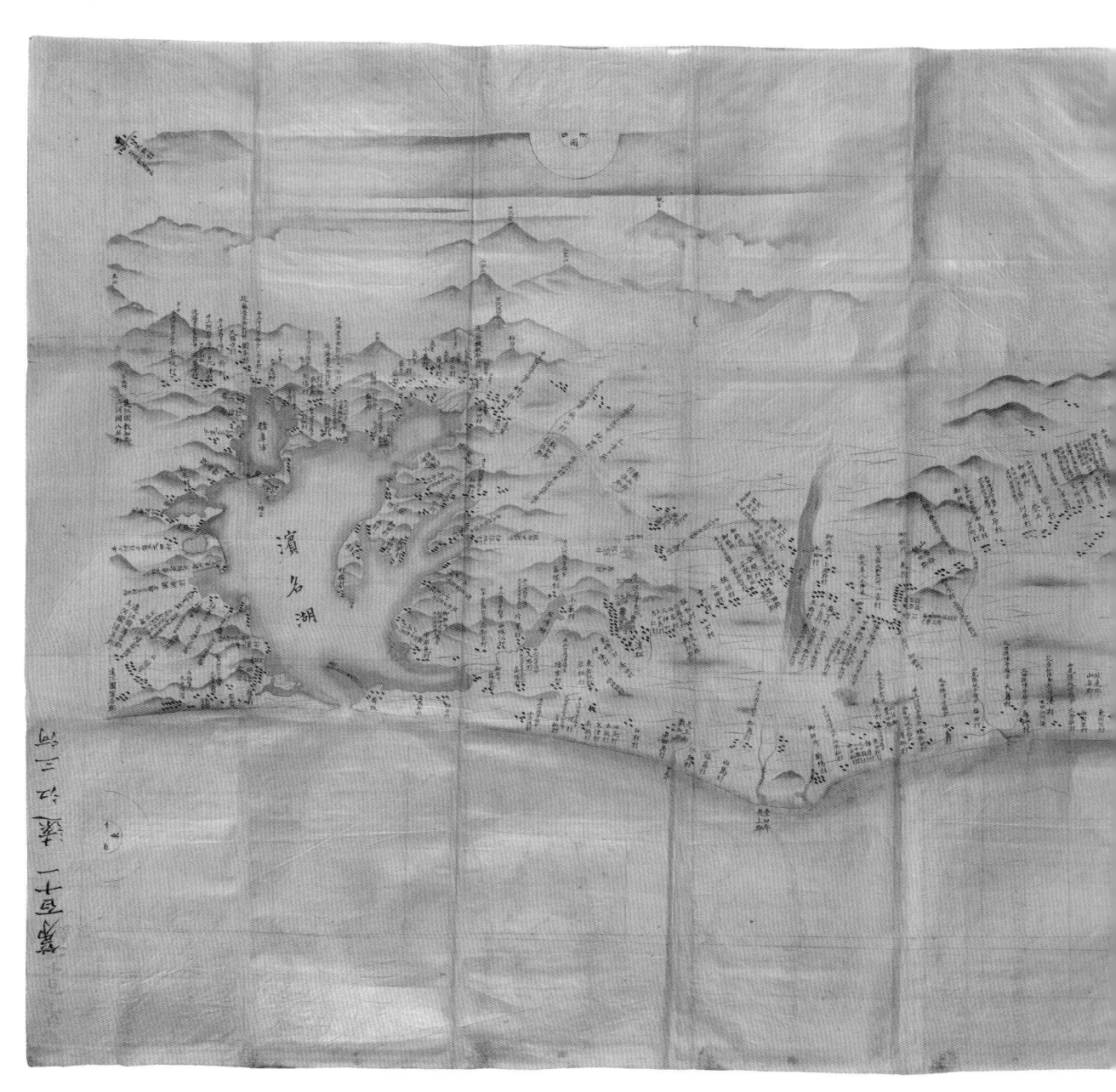

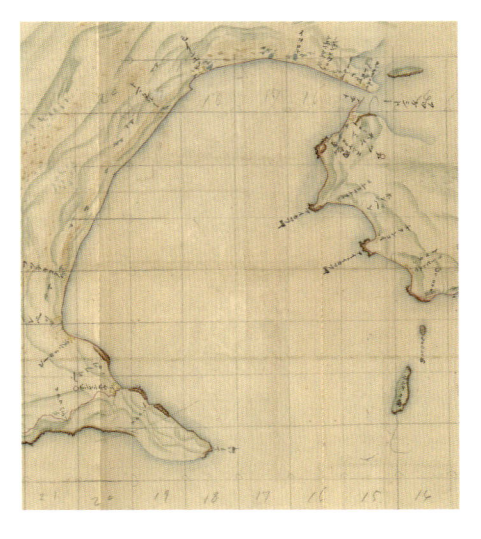

Chapter 1
This Land Is Our Land

伊能忠敬による実測日本地図

伊能忠敬(1745〜1818年)は、近代日本地図の祖とされる。

私財を投じ、史上初となる日本全土の綿密な測量に着手したのは1800年のこと。17年かけて日本全国を歩き回り、3736日を実測に費やしたという。その成果が『大日本沿海輿地全図』で、海岸線を詳しく描いた大縮尺の大図214枚、それより小さい縮尺の中図8枚、そして3枚で日本全土を表す最も縮尺の小さい小図が収められている。

伊能は全図の完成を待たずに亡くなったが、門弟たちがその後を引き継いだ。今日の計測値との誤差はわずか1000分の1という、きわめて正確な伊能の地図は、20世紀初頭まで使用された。

［1821年］

The
Story of
Maps
Chapter

2

Over Land
& Sea

山海を越えて

いつの時代も地図は旅とともにあった。
旅路に思いをめぐらせ、
ときにはそれを記憶に留めるために……。

　旅は、周囲の景色を眺めながら歩む一本の道にたとえられる。その経験を視覚的に表現したものが経路図だ。地形よりも経路が重視され、行き方がわかるように一本の線で描かれる（P.78の「ブリテン島の道路地図」参照）。それは、地図というよりもむしろ目的地への旅程表と言ってもいいだろう。

　これらの経路図の中には私たちにおなじみのものもある。すべての経路を直線や曲線で描いた、空からの眺めを思わせる平面的な地図がそれだ。これは、現代のカーナビで見える地図を思い起こさせる。旅をするときに気になるのは、移動の距離よりも移動時間の方だ。そのせいか、経路図には、地点間を移動時間で示すものが多い。

『二本の道の書』より冥界への道

　エジプトのディール・アル＝ベルシャで出土した棺の内部を飾っているのがこの地図だ。医長ガウの入れ子式の木棺で、外側の棺に地図が描かれている。製作時期は古代エジプト中王国時代。『死者の書』に先立つ『二本の道の書』の一部が描かれ、死者の魂がオシリス神の住む冥界へたどりつくための２本の異なる道を示している。１本は水路（右側の青い線）で、もう１本は陸路（左側の黒い線）だ。２本の道はオレンジ色の火の湖によって隔てられている。　　　　　［紀元前20〜紀元前18世紀頃］

Route to Rostau, The Book of the Two Ways

62

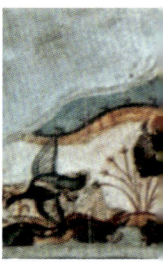

Chapter 2
Over Land & Sea

Thera Fresco, Santorini

サントリーニ島の
フレスコ画

　ギリシャ、サントリーニ島のアクロティリ遺跡で発掘されたこのフレスコ画は、「西の家」と呼ばれる建物の部屋の壁に描かれている。製作時期は紀元前1500年頃。部屋を飾る物語風の絵だが、地図の側面も持つ。

　左の図は、ある町を出港して母港へ戻る船団の様子を斜めの視点から描いたもの。下の図では川を平面的に表現して、両岸にはその土地の動植物を描いている。川は青で示され、金の縁取りが施されている。　　　　　　　　［紀元前1500年頃］

64

Chapter 2
Over Land & Sea

Turin Papyrus

エジプト、ヌビア地方の金山の地図

　紀元前1165年頃に作られた地図の断片には、エジプト南部のヌビア地方にある金山への道筋が示されている。パピルスに赤い色で描かれたものが「金のとれる山」だ。添えられたテキストによれば、この地図は石像用にとられた石を「王家の谷」へと運ぶルートを示しているらしい。正確な位置はつかめず、縮尺も示されていない。

　ナイル川と紅海の間に何本かの道が描かれ、道の両側には赤みを帯びた山が配される。斑点のある一番下の道路は、おそらくワディ（涸れ川）だろう。乾季になると、砂漠を横切る天然の道になる。

　神官文字で書かれたテキストには、道がどこへ通じているか、赤く描かれた山のどれが金山でどれが銀山かなどが説明されている。白い墓石のように見えるのは、山に彫り込まれた記念碑だ。その右上のさらに大きく白い部分は、「聖なる山のアメン神殿」とある。その左側の山のふもとにある小さな四角形は、坑夫たちの住居を表している。

［紀元前1165年頃］

Tabula Peutingeriana

ポイティンガー図

　ポイティンガー図は、ローマ人が旅や移動のために利用した経路図だ。ローマ帝国とその周辺の経路が、宿駅、主要河川、森林とともに記されている。浴場、穀物貯蔵庫、町などは統一した地図記号で表示され、道の全長は約10万4000キロにも及ぶ。宿駅間の距離が描かれているものの、地図が南北に圧縮されているため、ぱっと見ただけでは地点間の距離はわからない。

　移動距離は、宿駅間の距離を合計して求める仕組みだ。距離の単位は、ローマ周辺では「ローマンマイル」(約1.5キロ)、ガリア地方では「レウガ」(約4.8キロ)、ペルシャ地域では「パラサング」(約5.6キロ)、インドでは古代インドの単位が使われていて、地域によって違う。

　もともとは羊皮紙に描かれた全長6.75メートルに及ぶ巻物だが、保存のために地域ごとに分割されている。現存するものは12世紀から13世紀の模写で、原図は4世紀頃に作られたという。ただ、その原図も、79年のベスビオ火山大噴火で埋没したポンペイとヘルクラネウムの両都市が描かれていることからすると、1世紀頃の地図を模写した可能性がある。　　　　　　　　　［12～13世紀の模写］

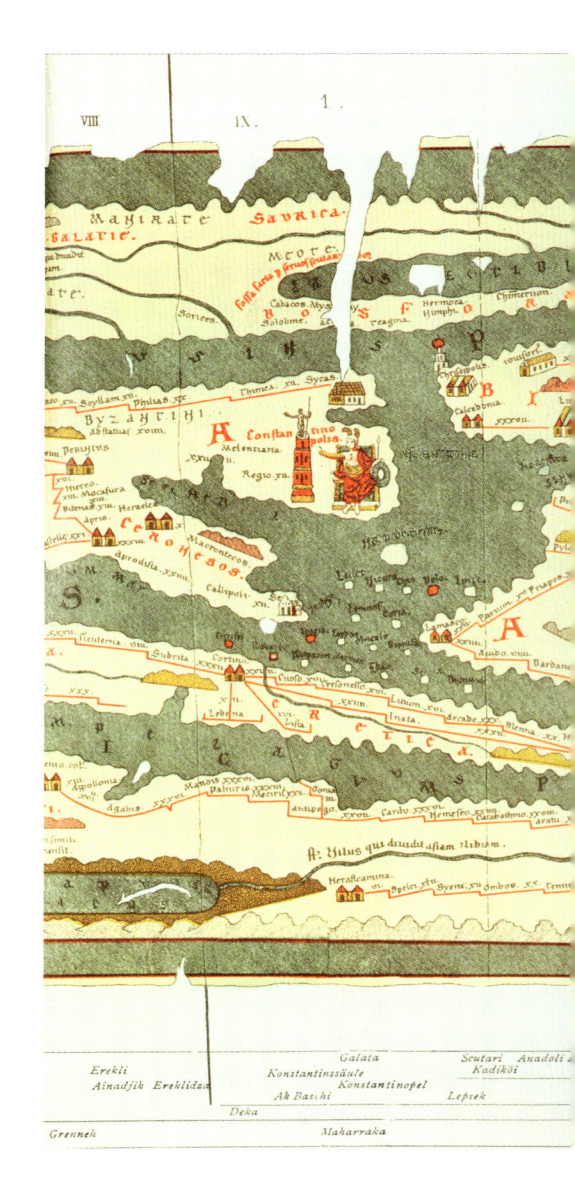

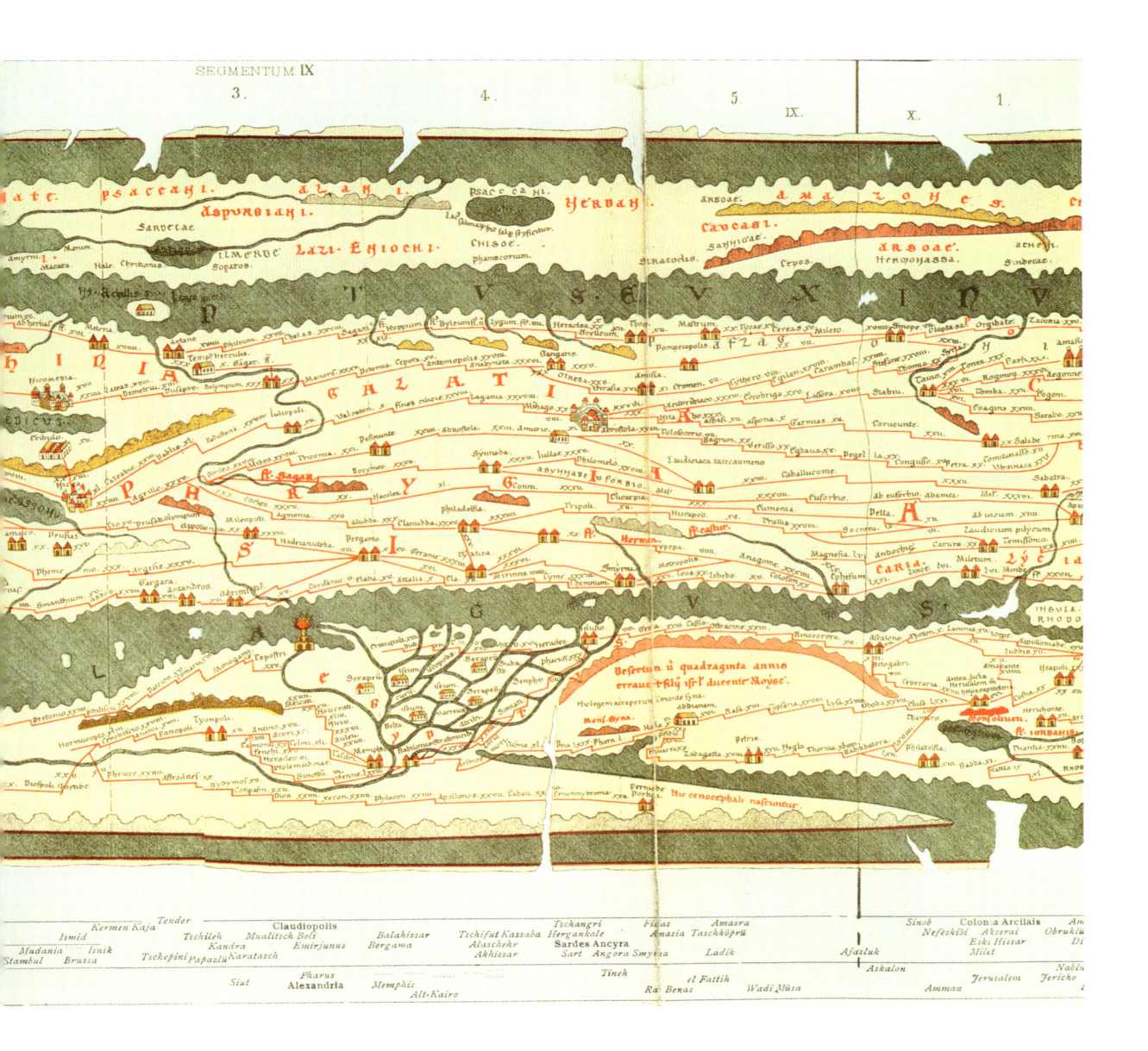

Chapter 2
Over Land & Sea

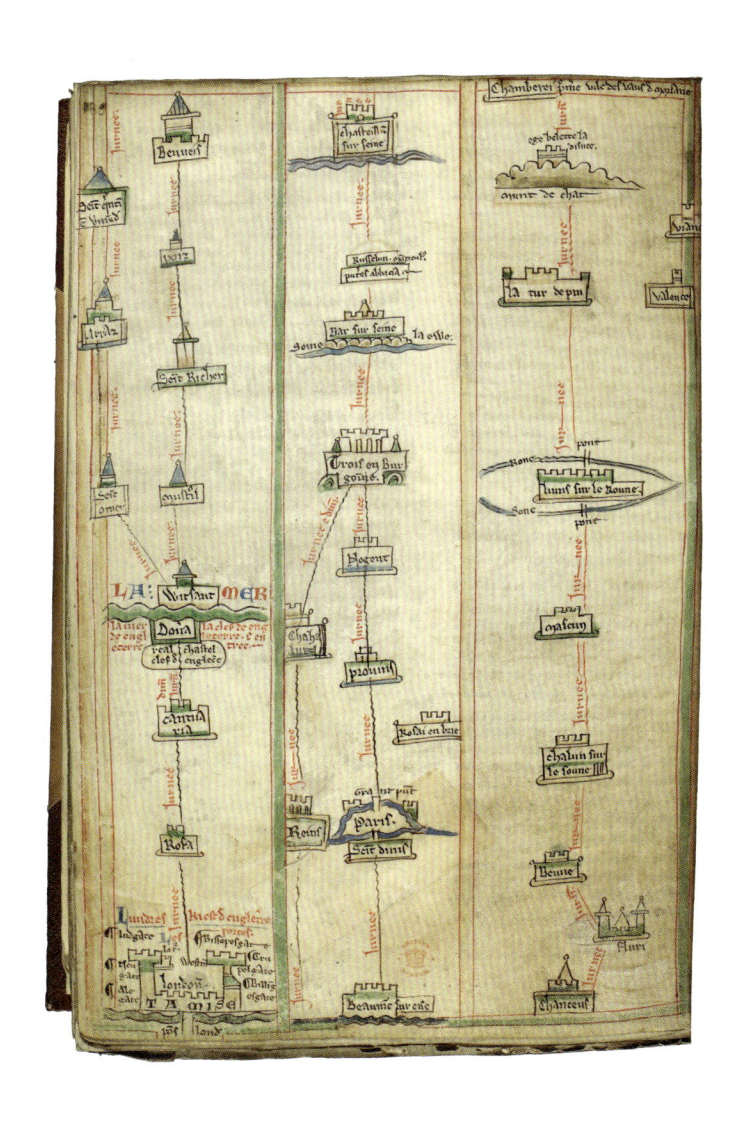

Pilgrimage to the Holy Land, Matthew Paris
マシュー・パリスのパレスチナ巡礼図

　上の図は、ロンドンから南イタリアのアプリアへ至る経路図である。描いたのは、イングランド、セント・オーバンズ修道院のベネディクト会修道士、マシュー・パリスだ。

　当時、巡礼者たちはアプリアの港から船で聖地パレスチナを目指した。地図の始めの部分であるこの図には、ロンドンからフランスのシャンベリーまでの道筋が示されており、海を越える場面（左端）には、古フランス語で"LA MER（海）"の文字が見える。　　　　　　　　　　　　　［1250年頃］

Jerusalem, Matthew Paris
マシュー・パリスのエルサレム図

　マシュー・パリスは、巡礼の目的地エルサレムも描いている。当時の習慣で、道路、河川、城壁は平面的に、建物は立面的に表現され、ロンドンからローマまで、1日で移動できる距離で町を結びながら延々と道が続いていく。

　ただ、どうやら旅行ガイドとして作られたわけではないようだ。家でくつろぎながら机上の旅を楽しんだり、修道院内で精神的な巡礼をしたり（こちらのほうが多かった）するために使われたと考えられている。

[1250年頃]

Voyage to the Holy Land, Reuwich and Breydenbach

ブレイデンバッハと
ルービッヒによる
聖地巡礼図

　1497年に出版された『聖地巡礼』は、挿絵入り旅行ガイドとして初めて印刷されたものだ。ベルンハルト・フォン・ブレイデンバッハが執筆し、エアハルト・ルービッヒが挿絵を担当している。

　1483年から1484年に聖地を訪れた二人の旅の記録であり、まずは陸路でベネチアへ、そこからコルフ島 (現キルケラ島)、モドン (現メトニ) 港、ロードス島と航海し、聖地パレスチナへといった具合に描かれる。

　刊行後にベストセラーになり、ラテン語からヨーロッパ諸言語に翻訳された。折り畳み式の大判の木版画が5枚収められており、1枚は1.5メートルのベネチア景観図、残りは諸都市の市街図や景観図である。右は最終目的地の聖地を詳しく描いたもので、右端にはエルサレムの一部も見える。

[1497年]

Chapter 2
Over Land & Sea

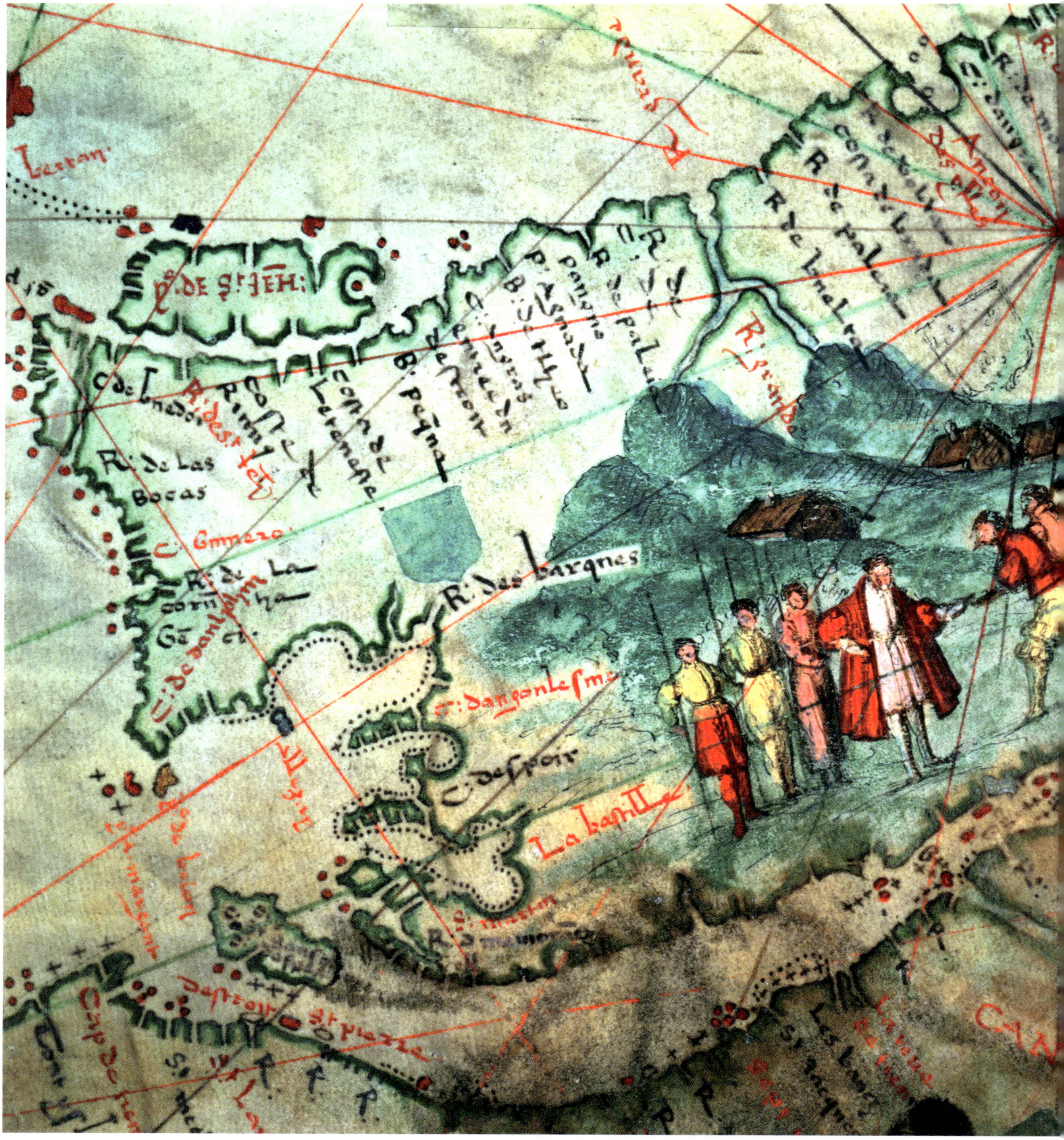
R. de Las Bocas
R. des barques
R. grande

Chapter 2
Over Land & Sea

St Lawrence River, Canada

カナダ、セントローレンス川流域図

　フランス人探検家ジャック・カルティエがカナダのセントローレンス川で行った3回の探検のいずれかを描いた図だ。1536年頃もしくは1542年頃に製作された。カルティエは、アジアへの新しい経路を探しながら、金や香辛料を始めとする貴重な品々を求め続けた。

　彼の探検は後にフランスがカナダ領有を主張するための基礎を築いたが、探検自体は成功したとはいえない。たとえば、もともとは友好的だった先住民イロコイの人々を怒らせ、またカルティエがカナダでかき集めていた金とダイヤモンドは無価値なものだった。さらに、冬の厳しさに負け、彼に続いた入植者たちを見捨てて本国へ帰ってしまうという失態をもおかしている。

　その一方で、「カナダ」の名付け親となったことは見逃せない点だ。もっとも、イロコイの言葉で「集落」を意味する「カナタ」を地域名と勘違いし、ケベック周辺をそう名付けただけの話ではあるが、後にその呼び名が国全体を表すものとなり、今に続いている。

　左は、中央の赤いロングコートを羽織ったカルティエが、地元のイロコイの人々と挨拶を交わす場面を描いたもの。"CANADA（カナダ）"の名が初めて登場する地図でもある。　　　　［16世紀］

Brixen, Italy, Georg Braun and Franz Hogenberg

ゲオルク・ブラウンと フランス・ ホーヘンベルフによる 『世界都市図帳』

　1572年から1619年にかけて刊行された『世界都市図帳』(全6巻)は、旅行記ではなく、旅に出たくなるような市街図や景観図の本だ。居ながらにして旅行気分を楽しみたい人のために書かれている。収録されているのは546都市。1570年に出たオリテリウスの『世界の舞台』(P.98)の姉妹編を目指したようだ。

　どの図にもたいてい人物が描き込まれており、ブラウンの前書きによれば、それには二つの意図があるという。ひとつはその土地の風俗を記録すること、そしてもうひとつは、イスラム教国のトルコに軍事利用されるのを防ぐことだ。肖像が宗教的にタブー視されているイスラム圏では、じっくりと見ることができまいというわけだ。

　右の図はいずれも1617年刊行の巻に収められており、現在イタリアの南チロル地方にある町ブレッサノーネ(ブリクセン)(上)は視点を高く置いて描き、ドイツ、バイエルン地方の町ラウインゲン(下)はそれよりも視線を少し下げてより立体的に見えるように描いている。　　　　[1572〜1619年]

Chapter 2
Over Land & Sea

VERA TOTIVS EXPEDITIONIS

Descriptio D. Franc. Draci qui 5. navibus probe instructis, ex Anglia solvens 13. Decembris anno 1577. terrarum orbis ambitum circumna-
ceteris partim flammis, partim fluctibus correptis, in Angliam rediit 27 Septembris 1580. **ADDITA** *est etiam vi*
Angli, qui eundem Draci cursum fere tenuit etiam ex Anglia per universum orbem; sed minori damno & temporis spacio; vigesimo-
quinto Septembris 1588. in patrie portum Plimmouth, unde prius exierat, magnis divitijs & cum omnium admiratione re

Portus Novæ Albionis

DIEV ET MON DROIT

GILOLO IN.

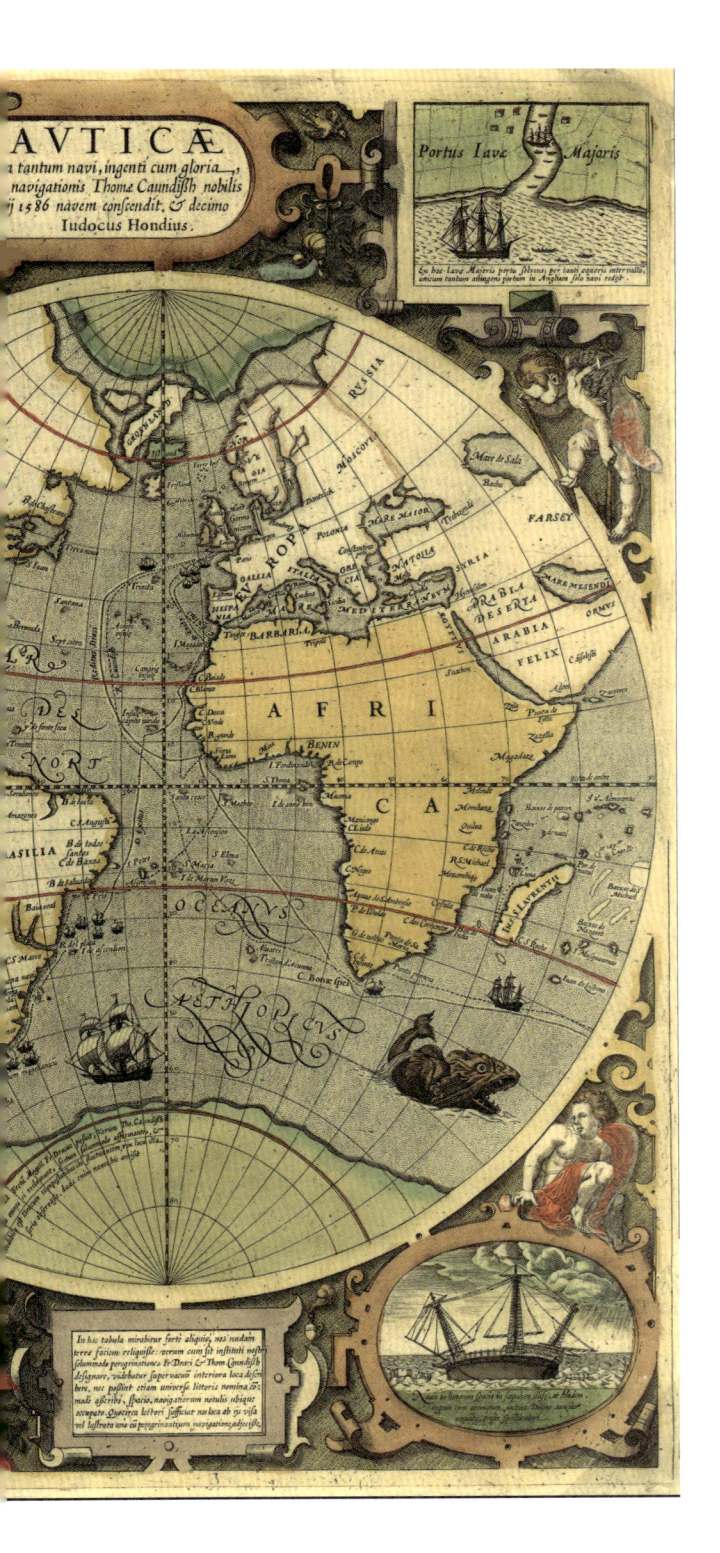

Chapter 2
Over Land & Sea

Drake's Circumnavigation of the Globe, Jodocus Hondius

ヨドクス・ホンディウスによるドレークの世界周航図

　この地図は、1595年頃にオランダ人、地図製作者のヨドクス・ホンディウスが作ったものだ。1577年から1579年にかけてのフランシス・ドレークの世界周航と、1586年から1588年にかけてのトーマス・キャベンディッシュの世界周航が記されている。

　世界を大西洋側と太平洋側の二つの半球にわけ、ポルトラノ海図（P.89）のように海岸線は詳細に、大陸内部は空白にしている。当時、オーストラリアはまだヨーロッパ人に発見されていなかったため、ここには示されていない。南極大陸に当たる場所には、南半球にあると信じられていた伝説の塊、「テラ・アウストラリス（南方大陸）」が描かれている。

　地図に引かれたひと続きの線はドレークとキャベンディッシュの航路を表す。周囲の挿絵には、ドレークの帆船ゴールデン・ハインド（下部中央）や、ドレークの上陸したノバアルビオン（左上。現在の米国カリフォルニア）も見える。　　［1595年頃］

77

Strip Map Journeys in Britain
ブリテン島の道路地図

　1675年、ブリテン島の最初の道路地図帳がジョン・オーグルビーによって刊行された。100枚の経路図からなり、1マイル1インチの縮尺で島内の道路を詳細に描いている。

　当時は地域によって独自のマイルが使われていたが、オーグルビーは1マイル1760ヤード（約1609メートル）という法定マイルをこの地図に採用した。道路上には距離がマイルで示され、1マイルはさらに細かい距離単位のハロン（8分の1マイル）に分けられている。一説によれば、この地図帳は、ブリテン島のカトリック化を進める目的で作られたという。　　　　　　　　　　　　　［1675年］

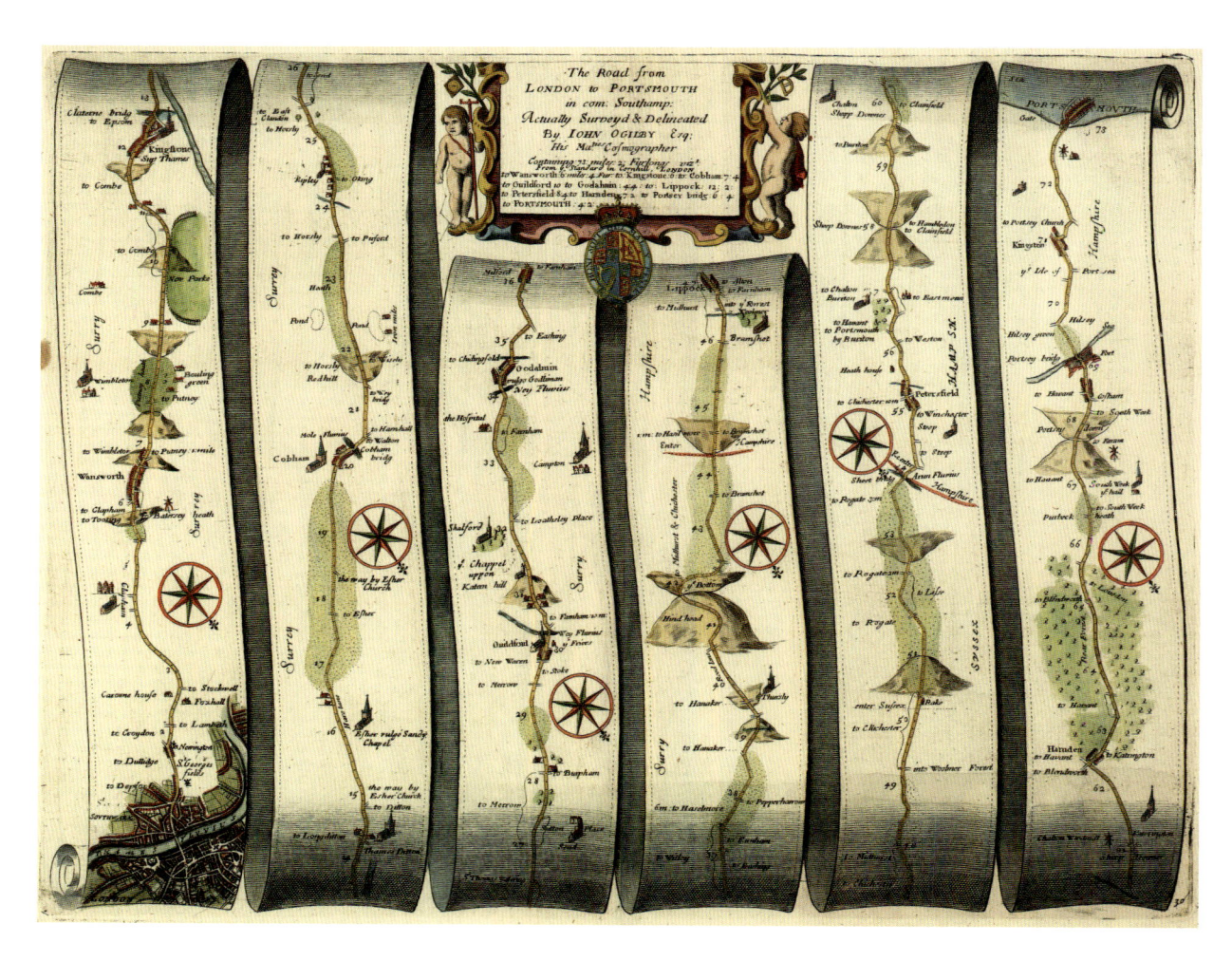

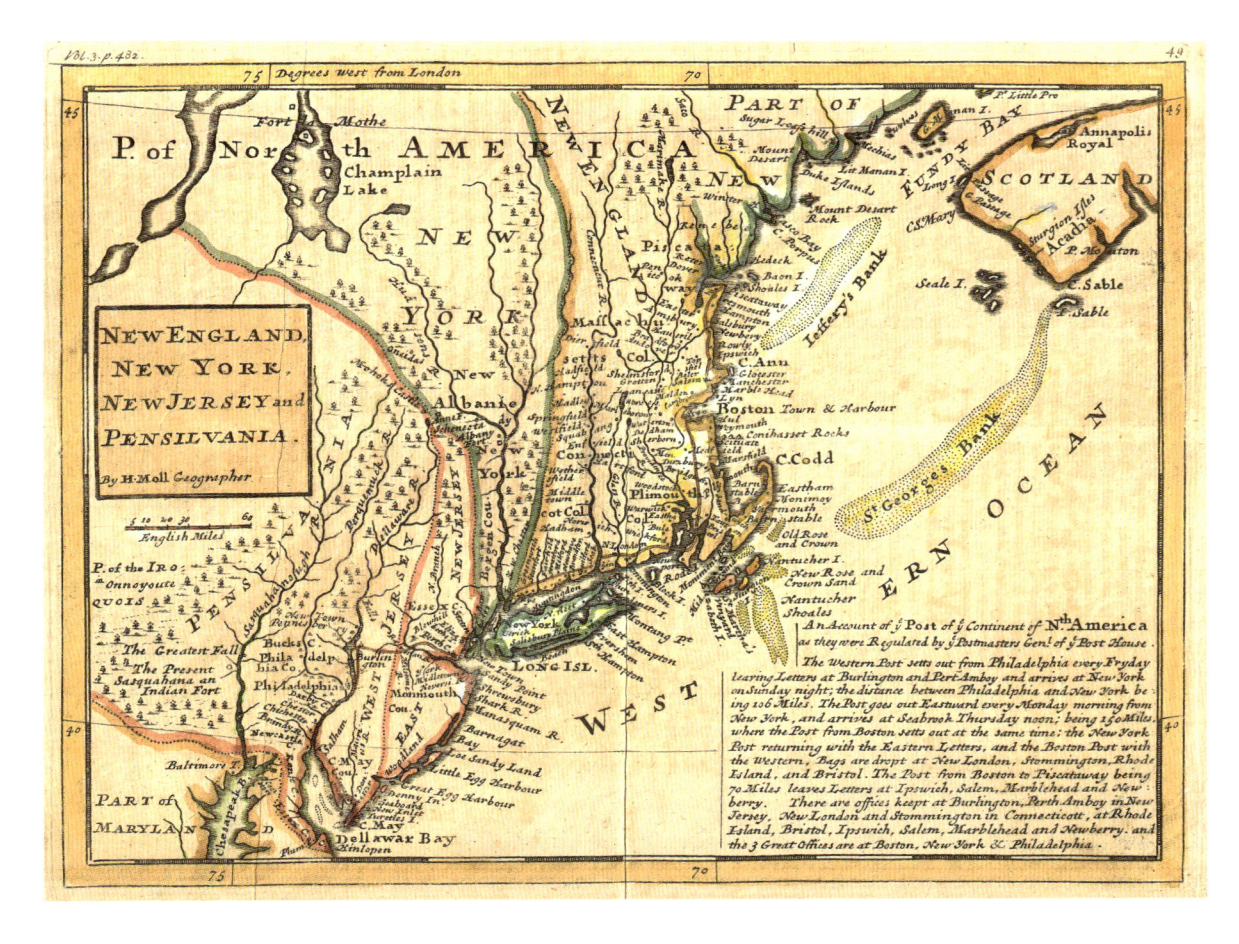

American Post Map

アメリカの郵便地図

　1729年にハーマン・モールが作製したこの地図は、ニューイングランド、ニューヨーク、ニュージャージー、ペンシルベニアといった北アメリカにおける英植民地の郵便制度に焦点を当てたもので、「郵便地図」と呼ばれている。

　アメリカの郵便事業は1639年頃にニューイングランド植民地で始まった。当時はボストンの宿屋が、ヨーロッパとの郵便物の受け渡し業務を担っていた。1673年には、ボストンとニューヨークとの間に公的な郵便道路が初めて開通。地図右下にはその詳細が記されている。現在、この道路は国道1号線に姿を変えている。　　　　［1729年］

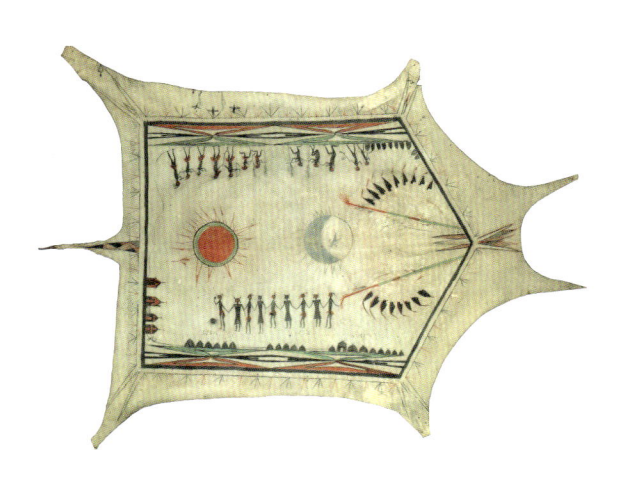

Route of Quapaw Warriors to Confront Enemies

戦いへ向かう
クアポー人の経路図

　右の図は、アメリカ先住民が描いた地図で現存するもののうち最も古い可能性がある。18世紀に作られたもので、戦いへと向かうクアポー人の経路がバイソンの革に描かれている。右下から左へ、三つの集落、アーカンソー・ポストと思われるフランス人入植地へと進んでいく。その先に伸びる波線は、曲がりくねった道かもしれないし、何かを象徴的に表しているのかもしれない。上部右端にある集落の手前では、チカソー人と戦って勝利した様子が描かれる。1740年代半ばに頻発した、両民族間の争いの一場面だ。　　　　　　[18世紀]

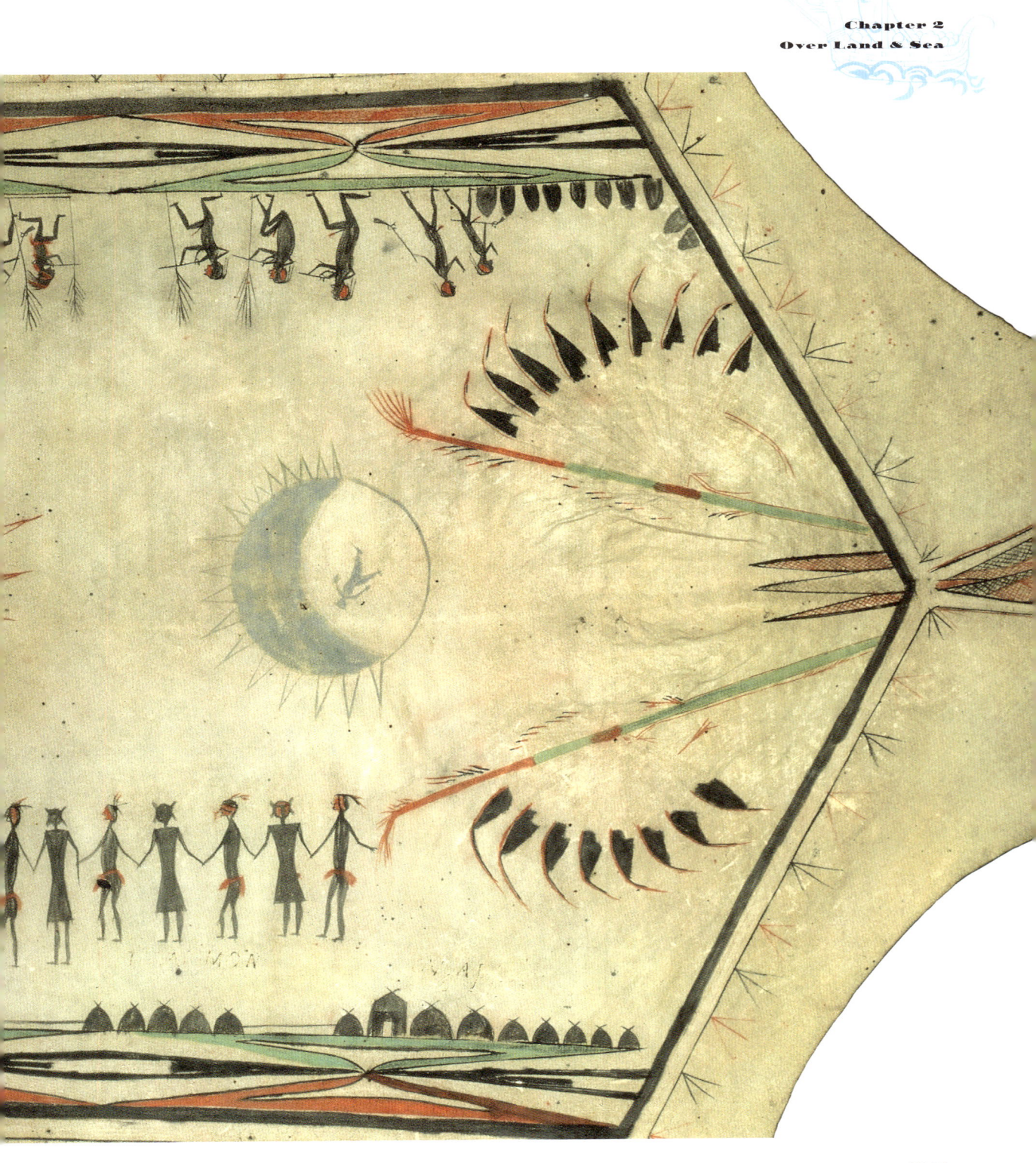

Chapter 2
Over Land & Sea

81

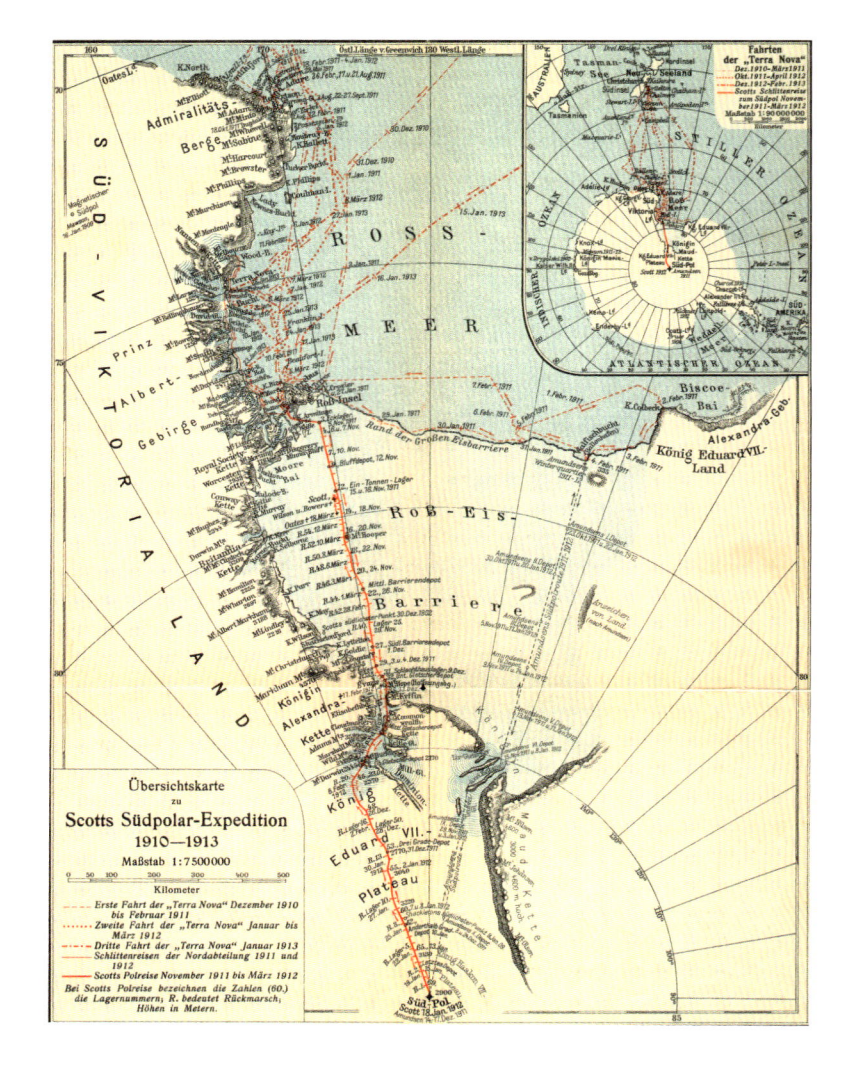

Scott's Last Journey

スコット隊最後の旅路

　20世紀初頭、南極は人類に残された最後の未踏地だった。この地図は、1910年から1913年にかけて行われた、ロバート・スコット率いる英国南極探検隊の最後の遠征ルートを示している。

　目標だった南極点に到達するも、わずか34日前にライバルのノルウェー人探検家ロアール・アムンセンに先を越されていたことが判明。その帰路、スコットと隊員は命を落とす。

　ルート周辺に山脈しか描かれていないこの地図を見れば、当時この大陸がいかに謎に包まれていたかがわかる。南極の海岸線は解氷する夏と結氷する冬では変化してしまうため、その地図も描く季節によって違ってくる。ほぼ正確な地図が作られるのは1983年のことだ。　　　［20世紀初頭］

Drift of the Endurance
エンデュアランス号漂流図

　スコット隊の悲惨な結末にもひるまず、英国人探検家アーネスト・シャクルトンは、1914年にエンデュアランス号で南極大陸に向けて出港した。だが、難所とされるウェッデル海を南下中、浮氷群に行く手を阻まれてしまう。

　シャクルトンは前進し続けるが、後にその判断を悔やむことになる。船は次第に航路をそれ、1915年1月には氷塊に閉じ込められてしまう。冬の間、浮氷群とともに北へ流されたあげく、春、夏を経て10月には船が氷に押しつぶされ、ついには沈没する。その後隊員は、救命ボートを運びながら凍った海の上をそりで移動し、開けた海域を目指した。

　この図には、南極大陸のコーツランド沿岸からグレアムランド南東沖（船が氷に押しつぶされて沈没した地点）までのエンデュアランス号漂流ルートと、隊員たちが救命ボートでブランスフィールド海峡を越えてエレファント島へ避難したルートが示されている。

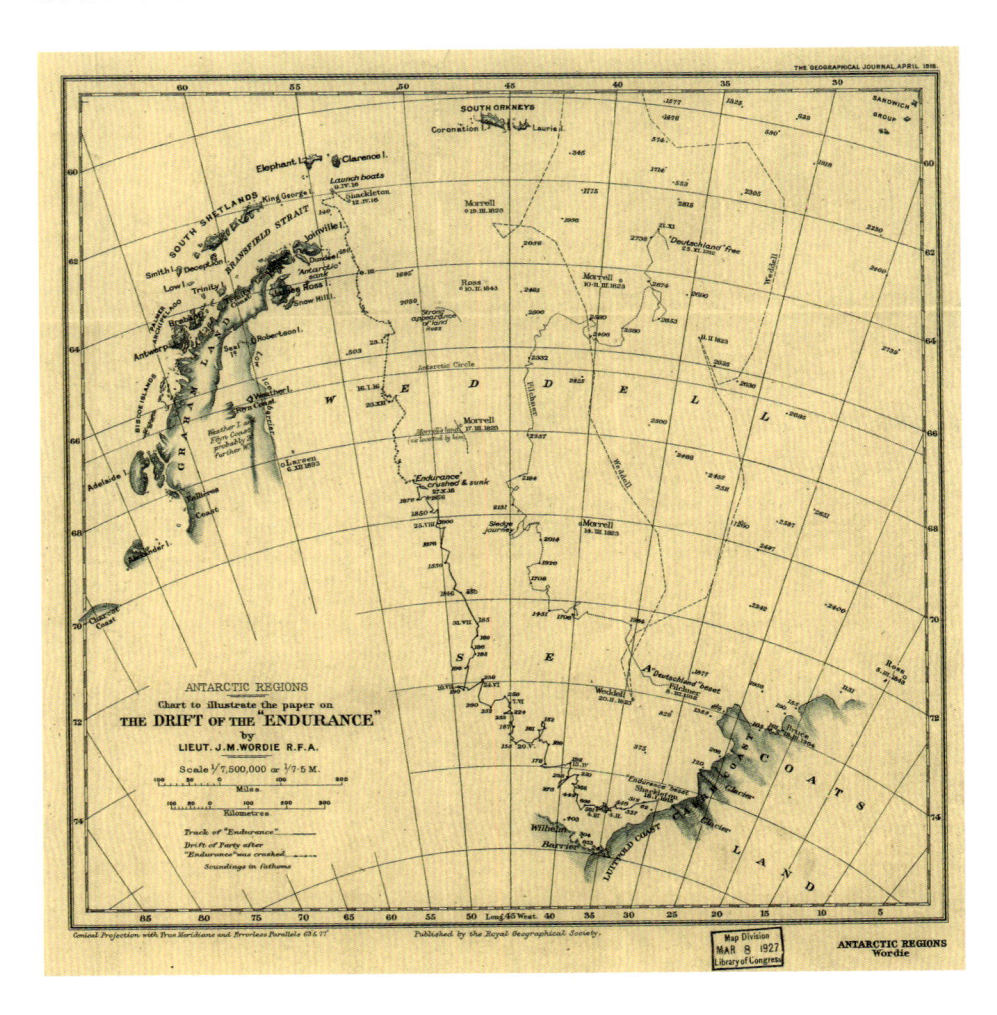

［1918年］

Lukasa
ルカサ

　「記憶を呼び起こす板」という意味の「ルカサ」は、ルバ王国(現コンゴ民主共和国)の王の旅路を示す歴史地図だ。現在でもルバ人の通過儀礼で用いられている。一族の年長者でもある語り部がルカサを手に歌い、語りながら、ある王の時代の記憶を蘇らせる。ビーズや貝殻の配置は、歴史上のある王がたどった旅路を表したもの。大きめのビーズやタカラガイは王の魂が棲むことになる王宮、ビーズで作った円は王たち、線は王が移動した経路を示す。どの王を祝うかによって様々に解釈が異なり、王宮の名もその都度変わる。このルカサは19世紀に作られたものだ。　　　　　　　　　　[19世紀]

Chapter 2
Over Land & Sea

Mosel, Germany

ドイツ、モーゼル川流路図

　河川はいつの時代も欠かせない交通の大動脈であり、その地図は何世紀にもわたり広く用いられてきた。商品輸送、旅行、交易、軍事遠征、防衛などに役立つ経路図として、とりわけ重宝されたのが河川図である。ドイツ内のモーゼル川の流路を描いたこの図は、1930年代に観光案内用に作られたものだ。歴史ある都市や、他の川との合流点などが記されている。　　　　　　　　［1930年代］

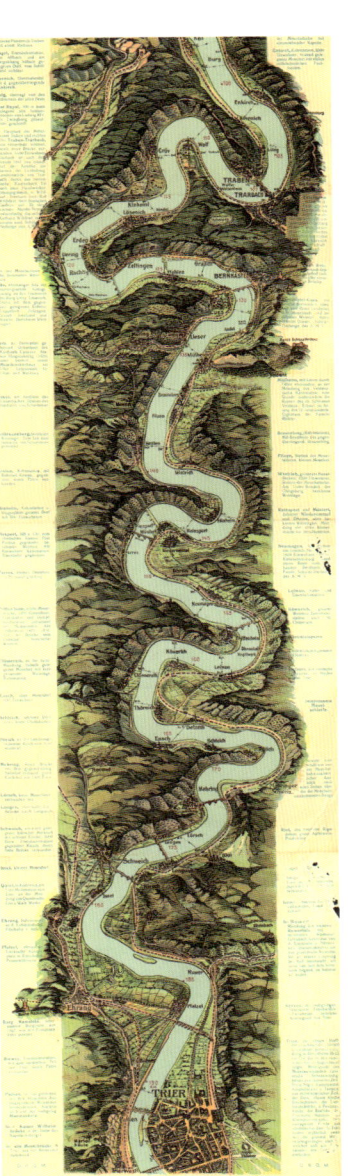

The Story of Maps
Chapter

3

Exploration & Expansion

探検と領土拡大

探検とは、旅の一種である。

　探検は、アジアへの西回り航路を見つけようとしたコロンブスのように、明確な意図を持って行われることもあれば、単に冒険心から行われることもある。

　地図を描くための旅は、未知の場所であろうとなかろうと、ある意味、探検と発見の旅なのである。もっとも、何が待ち受けているかわからない未知の場所への探検と、父祖の代から慣れ親しんだ海岸の探検は、まったくの別物だが。

　探検家や入植者にとって地図には二つの大きな役割がある。ひとつは、新たな土地を発見するための航海の手助けとなること。もうひとつは、発見したものや獲得したものを記録することだ。後者の場合、地図とは単にあるものを示すだけの存在ではなくなる。地図製作が、領有権を宣言する行為そのものになり、がらりと政治的な色合いを帯びてくるのだ。

Vinland Map

ビンランド地図

　1957年に発見されたこの地図は、ヨーロッパ人がコロンブス以前に北米へ到達していた証拠として注目を集めたものだ。15世紀の模写と見られるこの図には、11世紀にバイキングがビンランド（北米沿岸）を訪れたことが注釈に記されていた。だが、その後の科学的な分析や学術的な研究から、かなりの確率で偽物であると判断された。

　その理由として、インクのひとつに現代の化学成分が見つかったことと、原図とされる1436年の地図よりも、その原図をもとに作られた1782年の銅版画との共通点が多いことが挙げられた。ただし、使われている羊皮紙は、放射性炭素による年代測定の結果、1423年から1445年頃のものとされている。

［不明］

Chios, Benedetto Bordone

ベネデット・ボルドーネによるギリシャ、ヒオス島の図

　1528年に出版されたベネデット・ボルドーネの『世界島嶼誌(とうしょ)』は、島の地図集という新しいジャンルを世に広めるきっかけとなった。地中海の島々に加えて、遠方の島も描かれた。

　そもそもは既知の島や港の情報を掲載した船乗り向けの航海案内書だった。この手の本は15世紀から16世紀にかけて大きな人気を博したが、その後姿を消す。航海の案内書と旅行ガイド、百科事典を折衷した内容で、居ながらにして異国情緒を味わえた。

［1528年］

Chapter 3
Exploration & Expansion

Portolan charts

ポルトラノ海図

　ポルトラノ海図は航海士用の地図だ。沿岸部を詳しく描く一方で、内陸はほぼ何も描かない。内陸部で目につくのは領有権を示す旗ぐらいである。

　上のポルトラノ海図は16世紀のもので、複数の地点から放射状に伸びる32本の航程線で羅針盤上の方位を表しており、この航程線が網目状に張り巡らされている。慣例として、8方位（北、北東、東など）は黒か茶、それを2分割したもの（北北西など）は緑、さらにそれを2分割したもの（北西微北など）は赤で示し、方角を見つけやすくしている。ただ、この海図は地球の丸みを考慮に入れておらず、広い海を渡る際には役に立たなかった。

　海水に耐えられるように上質の羊皮紙に描いたものが多く、もともとの皮の形を残して首の付け根部分を西側にしているものもある。

［1296〜17世紀頃］

89

Cantino Planisphere
カンティーノの世界地図

　1502年に描かれたこの世界地図は、ブラジル沿岸を描いた現存する最古の地図である。ポルトガル人探検家ペドロ・アルバレス・カブラルによる1500年の発見を反映したものだ。アフリカ沿岸部は、西岸、東岸とも驚くほど正確に描かれている。

　この地図で重要なのは、イタリアのフェラーラ公アルフォンソ1世が、密使のアルベルト・カンティーノをポルトガルに送り込んで手に入れたという

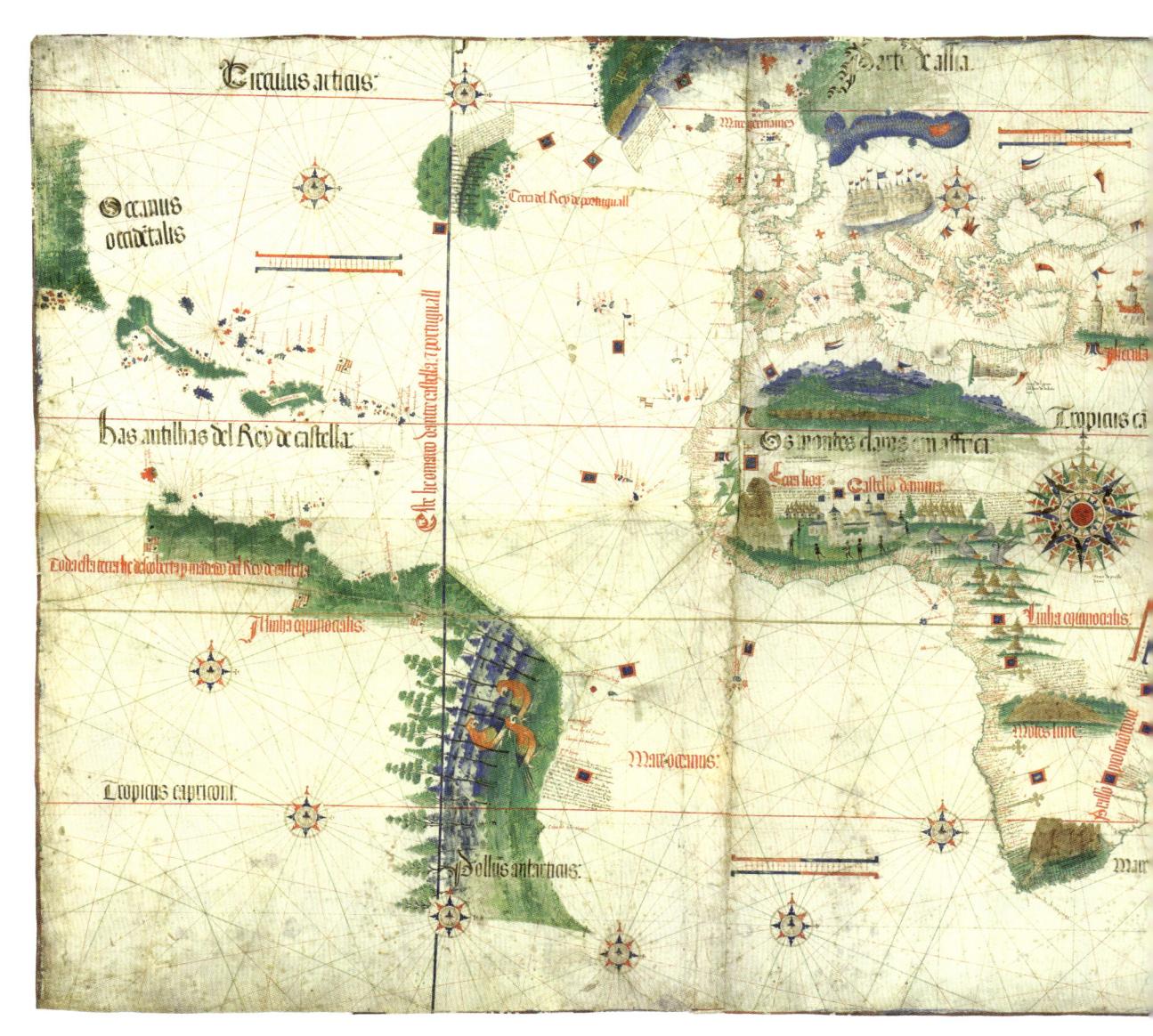

Chapter 3
Exploration & Expansion

点だ。カンティーノがポルトガルに滞在した表向きの名目は馬の取引だが、内実はスパイ行為で、金貨12ダカットという大金を払って原図の盗写図を入手したとされる。

こうしてフェラーラ公は、当時多くのヨーロッパ諸国で知られていなかったアメリカ大陸とアフリカ大陸の沿岸部の機密情報を、この地図から得たのだった。　　　　　　　　　　　［1502年］

Miller Atlas

ミラー・アトラス

　ミラー・アトラスは16世紀の地図が到達した最高峰のひとつである。

　3人のポルトガル人地図製作者とフランドル出身の細密画家が生み出したこの地図帳には、北大西洋、北欧、アゾレス諸島、マダガスカル島、インド洋、インドネシア、東・南シナ海、モルッカ諸島、ブラジル、地中海地域にわたる12点の海図が収められている。

　新しく発見された土地の内陸はきわめて優美に、そして詳細に描かれている。インドやアラビアの図は旅行者の情報をもとに先住民や動物の姿を描いており、ここに掲載したブラジルの図は、それ以前のどの地図よりも詳しく地形や先住民を紹介している。　　　　　　　　　　　　［1519年］

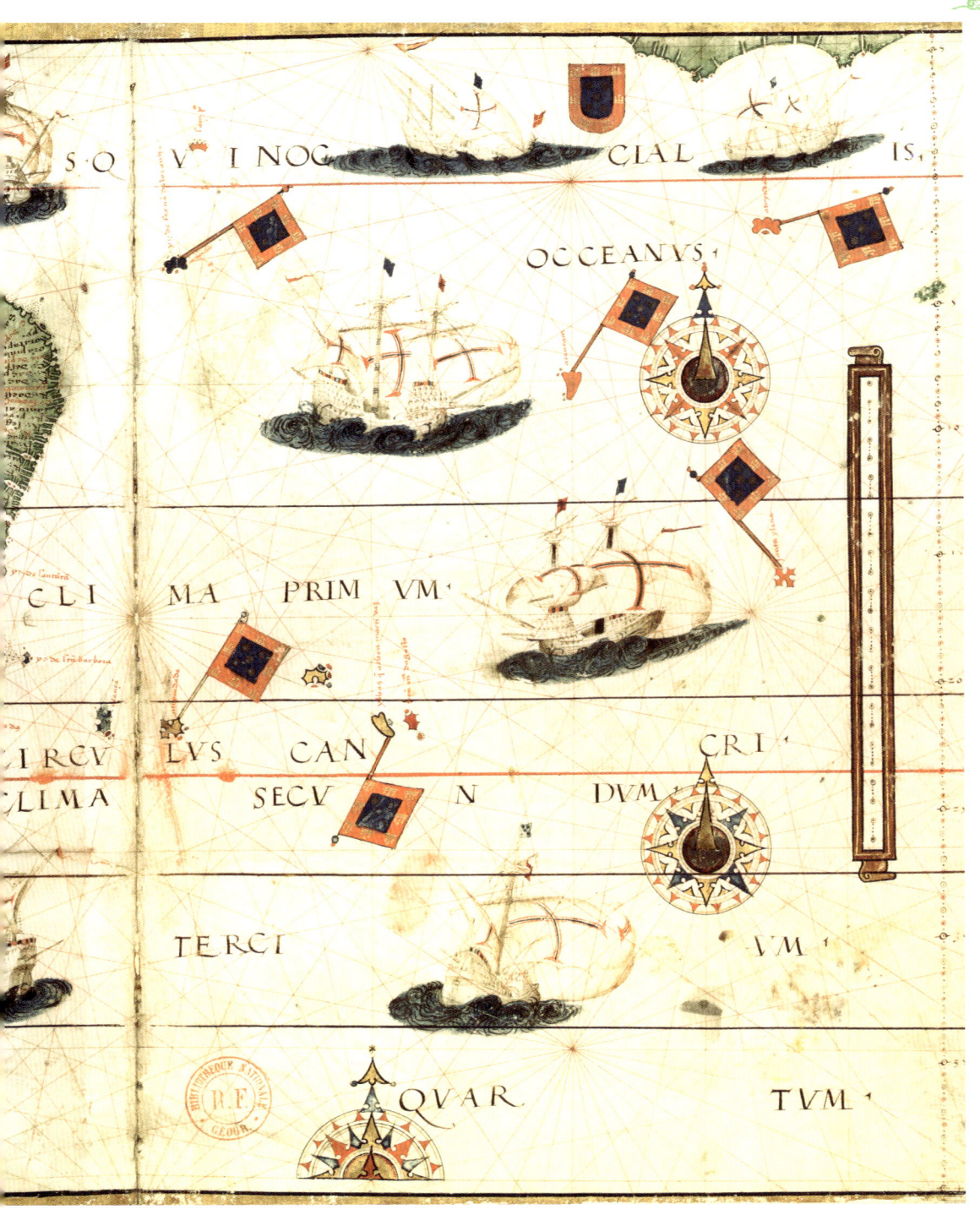

Chapter 3
Exploration & Expansion

CARTA MARINA ET DESCRIPTIO SEPTEMTRIONALIVM TERRARVM AC MIRABILIVM RERVM IN EIS CONTENTARVM D
GRVTLADIE PARS
ISLANDIA
A
MARE GLACIAE
FINMARCHIA
B
LAPPIA
ZIPHIVS
FARE
TILE
D
OCCIDENS
BOTNIA
SCANDIA
E
NORVEGIA
SVECIA
MARE DEVCALIDONICVM
SCOCIE PARS
ANGLIE PARS
G
OCEANVS BRITANICVS
MARE GERMANICVM
DANIA
GOTHIA
H
MARE GOTICVM
FRISIA
POMERANIA
SCALA MILLIARIVM
GRADVS LONGITVDIIS
MERIDIES

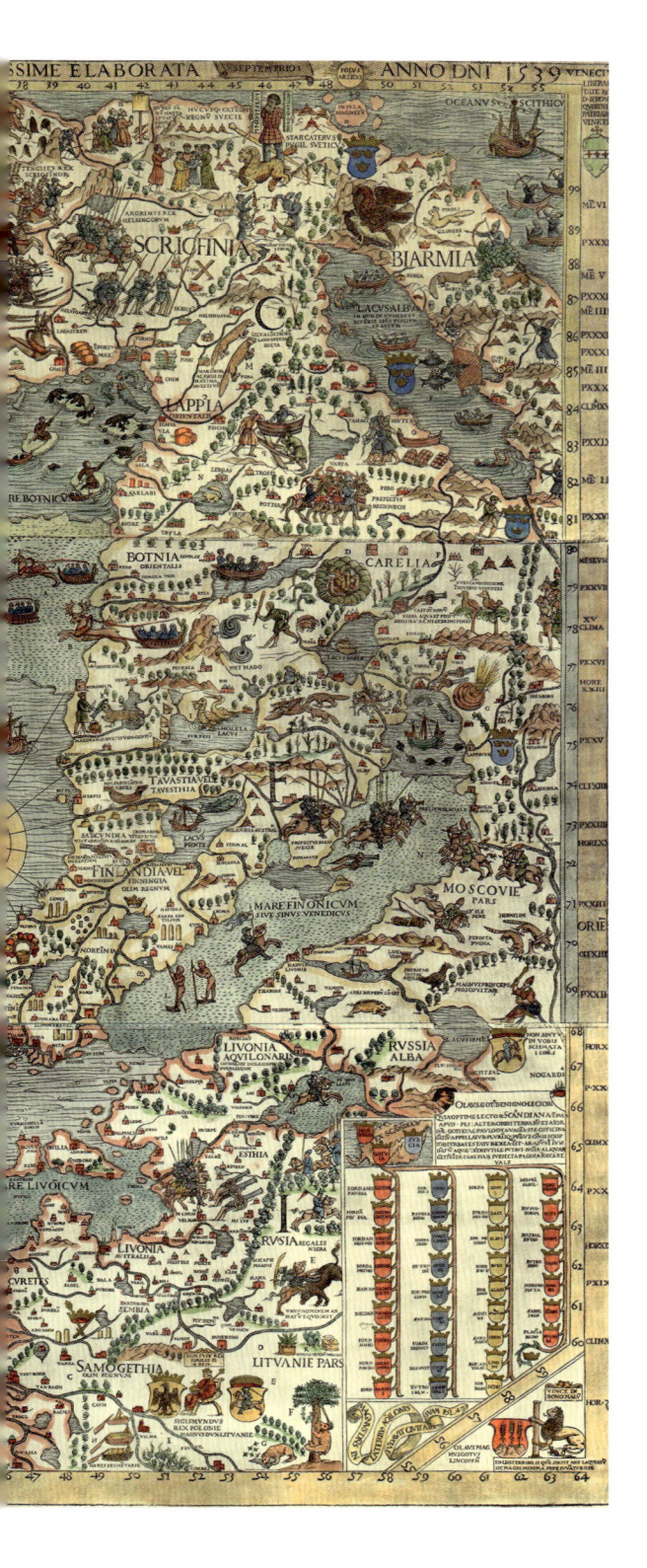

Carta Marina

カルタ・マリナ

　カルタ・マリナは、北欧諸国を地名とともに詳しく紹介した最初期の地図だ。製作者はスウェーデン出身の宗教家、学者のオラウス・マグヌスで、完成までに12年を費した。人生の大半を国外で過ごしたマグヌスは、ポーランドに住んでいた頃にこの地図を作り、イタリアのベネチアで出版。原版9枚から刷られた地図は、縦1.25メートル、横1.7メートルに及ぶ。

　地図には各地の特色が事細かく図示されている。たとえばフィンランドには木タール入りの樽、特産の干物、造船の様子が記されている。スカンディナビア以北の海が初めて描かれた地図でもあり、そこに浮かぶアイスランドが噴火する火山とともに示されている。　　　　　　　　　　［1539年］

Portolan Chart of the Atlantic Ocean

大西洋のポルトラノ海図

　大西洋を描いたこのポルトラノ海図には、1544年当時のヨーロッパ、南北アメリカ、アフリカの沿岸部が記されている。航程線を基準にして、羅針盤を使って取るべき針路が読み取れるようになっている。　　　　　　　　　　［1544年］

Africa, Sebastian Münster
セバスチャン・ミュンスターによるアフリカ図

　セバスチャン・ミュンスターは、ヨーロッパ、アフリカ、アジア、アメリカという当時知られていた四つの大陸を、初めて別々の地図で刊行したドイツの人物だ。1554年に出版されたこのアフリカの地図では、内陸部が詳しく描かれている。山脈（ロープのように見える部分）や川のほか、「一つ目の巨人族」といった想像の産物まで記されている。

　ミュンスターは探検家ではなくヘブライ語の学者であり、研究者や外国人の話、本、先行する地図にもとづいて作製した。そのため、アフリカの湖や川については想像が幅を利かせることとなった。ニジェール川は湖に始まり湖で終わる。ナイル川はプトレマイオスの『地理学』を踏襲し、伝説の「月の山脈」を流れ出た小川が注ぐ二つの湖から発している。サハラ砂漠は森に覆われ、マダガスカルに至ってはすっぽり抜け落ちてしまっている。［1554年］

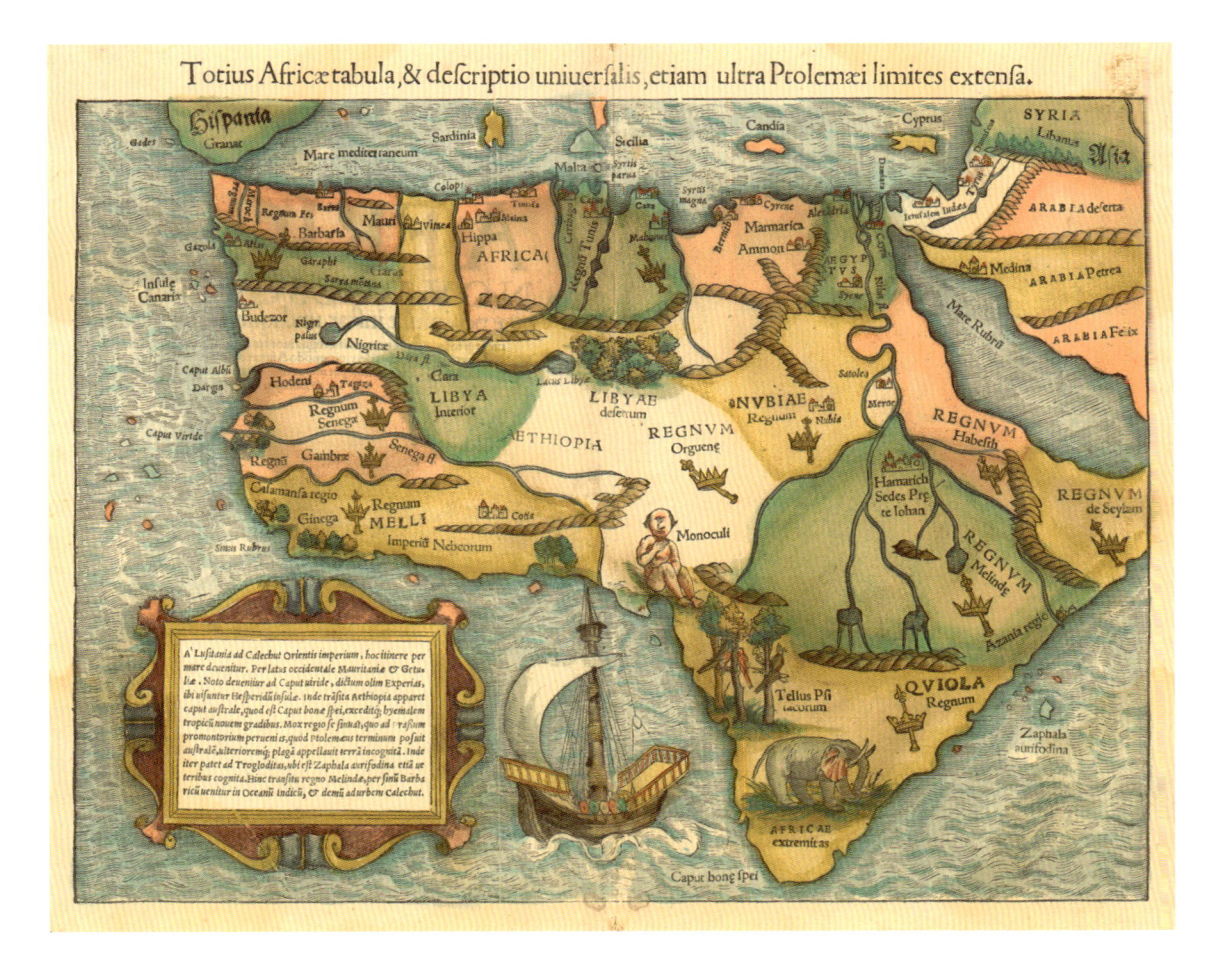

アブラハム・オルテリウスによるアイスランド図

フランドル地方の地図製作者アブラハム・オルテリウスは、近代地図帳の創始者として広く知られている。1570年に出版された地図帳『世界の舞台』には、53点の地図が収められ、後に21点が加えられている。最初はいくつかあった誤りも、版を重ねるうちに修正された。

なおオルテリウスは、アフリカ大陸西岸と南アメリカ大陸東岸の形状が組み合わさることに初めて言及し、大陸移動の可能性を示唆したことでも知られる。アルフレート・ウェゲナーが1912年に大陸移動説を提唱する350年も前のことだ。

アイスランドの地図には、周辺の海に生息すると考えられていた幻獣が数多く描かれている。これ以外にも、94〜95ページで紹介した「カルタ・マリナ」といくつかの共通点がある。　　［16世紀］

Iceland, Abraham Ortelius

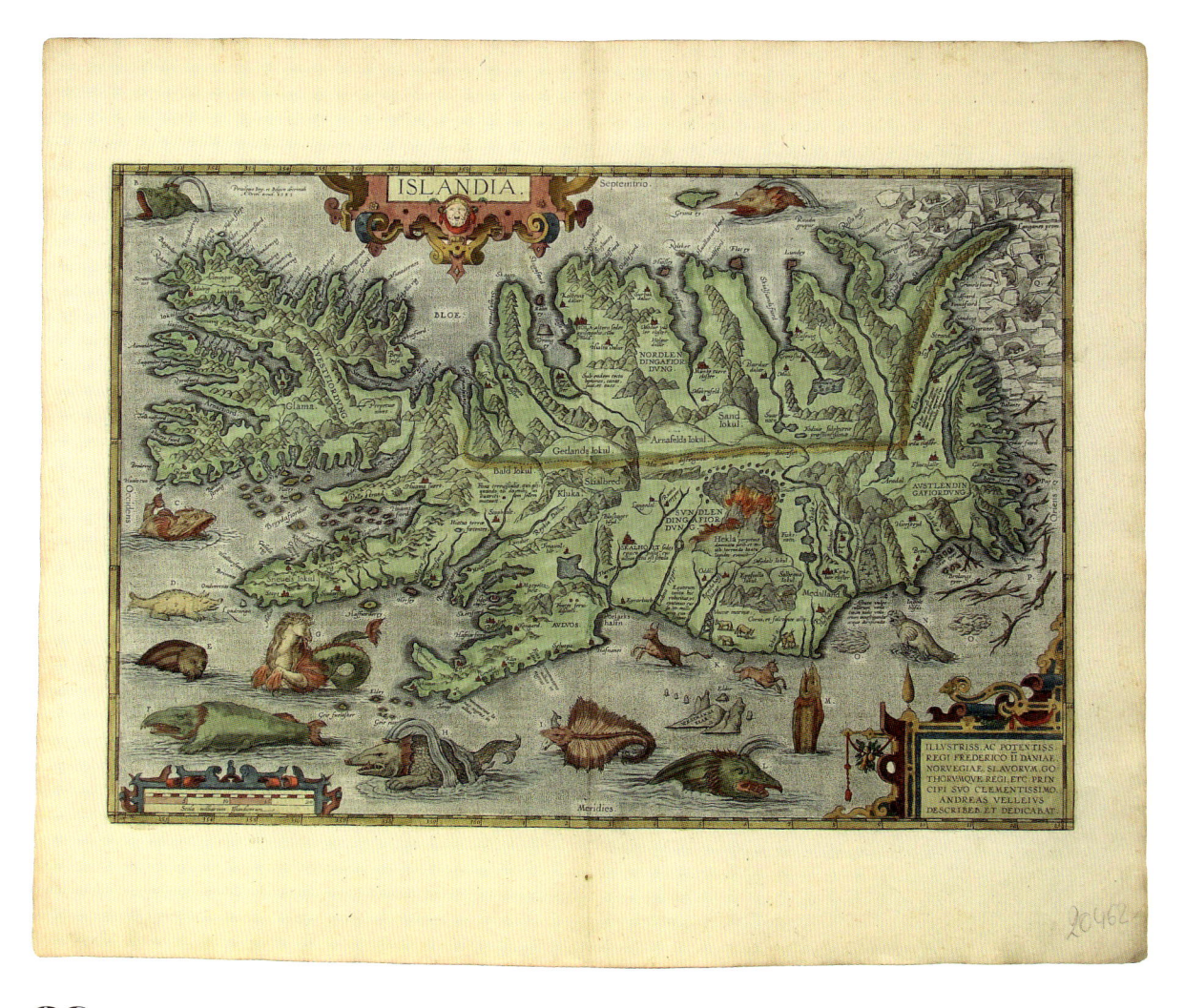

The Arctic, Gerardus Mercator

ゲラルドゥス・メルカトルの北極圏図

　上は北極圏を初めて単独で描いた地図だ。もともとはメルカトルが新たな投影法で世界地図を描いたときに（P.156-157）、極地を正確に表示できなかったので、小さな挿絵として載せたものが原型となった。

　この地図では、北極を4等分された大陸として描き、その中央に海から突き出た巨大な黒い岩を置いている。その当時、北極に向かって4本の川が勢いよく流れ込み、渦を巻きながら地球の奥底へ吸い込まれていくと考えられていた。　［1595年］

TRAMONTANA
PARTE INCOGNITA
PONENTE
LA NVOVA FRANCIA
TERRA DENVR VMBEGA
Flora
Port Real
Port du Refuge
Isola della Rena
OSTRO

ガスタルディによる
ヌーベルフランス図

　ジャコモ・ガスタルディが製作したこの図は、ニューヨーク港を正確に描いた最古の地図のひとつだ。フランスの植民地「ヌーベルフランス」の名が初めて登場する地図でもある。この図は、1524年のジョバンニ・ダ・ベラツァーノと1534年のジャック・カルティエの航海にもとづいて作られた。ベラツァーノの一行が遭遇した、弓矢で狩りをしているアメリカ先住民の姿が描かれている。

［1556年］

**New France,
Giacomo Gastaldi**

Virginia, John Smith

ジョン・スミスによる
バージニア植民地図

　英国人探検家ジョン・スミスの描いたバージニア植民地の地図は、地元をよく知る先住民アルゴンキンの協力のもとで作られた。スミスは1607年から1609年にかけてチェサピーク湾周辺を探検。総距離は4000キロに及んだという。探検の目的は、金目の物を探しながら、太平洋へ抜ける航路を見つけることだった。

　この図は、バージニアに関するスミスの報告書に収められたものだ。探検隊が発見したものは十字架マークで示し、アルゴンキンの話を通して知り得たものと区別している。驚くほど正確な地図で、その後70年にわたって使用された。

　アルゴンキンの人々は、トウモロコシの粒や棒きれを使って住居の地面に地図を描いたとされる。その場限りのもので、ヨーロッパの侵略者が求めていたような、記録に残る地図は作らなかった。スミスへの情報提供以外、アルゴンキンの地図は何ひとつ残されていない。　　　　　　［1612年］

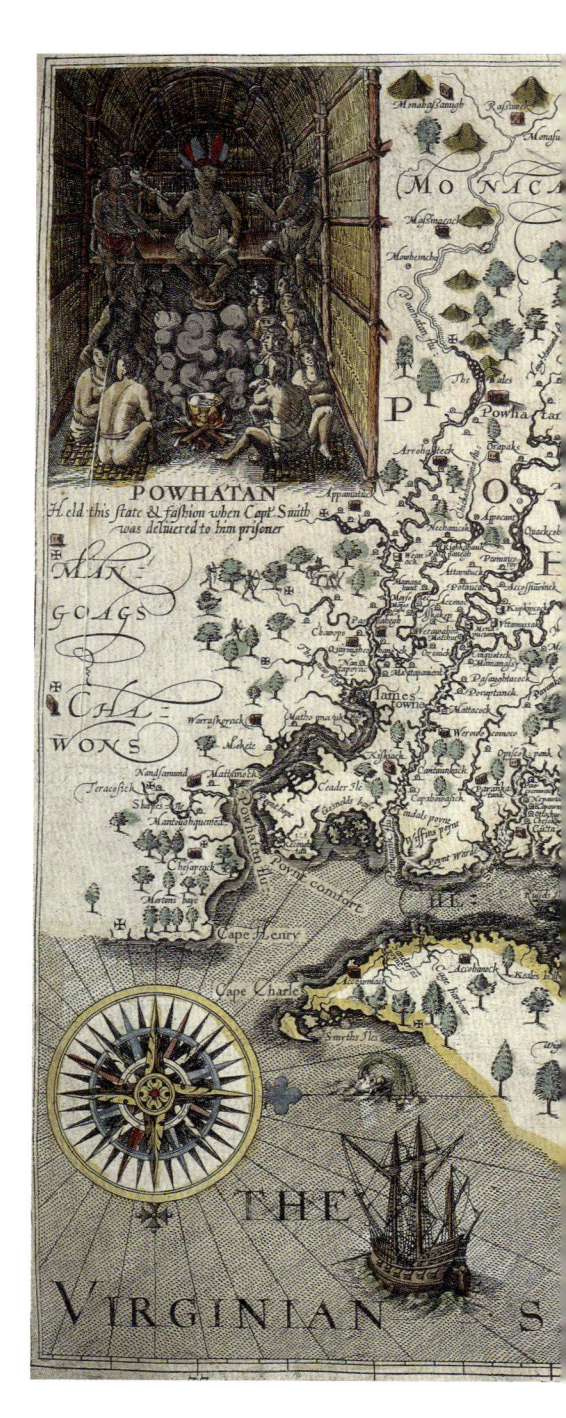

Chapter 8
Exploration & Expansion

Hispaniola and Puerto Rico, Johannes Vingboons

ヨハネス・フィンボーンスによるヒスパニオラ島とプエルトリコ島の図

　オランダの水彩画家ヨハネス・フィンボーンスは地図製作者としても知られ、その地図は当時高い人気を誇った。130点の水彩画からなる地図帳（全3巻）は、スウェーデンの女王クリスティーナに購入されている。

　1639年に作られたこの地図は、カリブ海に浮かぶヒスパニオラ島とプエルトリコ島を正確に描いた地図としては、おそらく初めてのものだろう。フィンボーンス自身はあちこち旅して回ったわけではないが、綿密な調査をし、船長や操舵手の話やスケッチをもとに地図を作り上げた。彼の作品は、当時のオランダ人がどれほど正確に世界を把握していたかを示している。　　　　　［1639年］

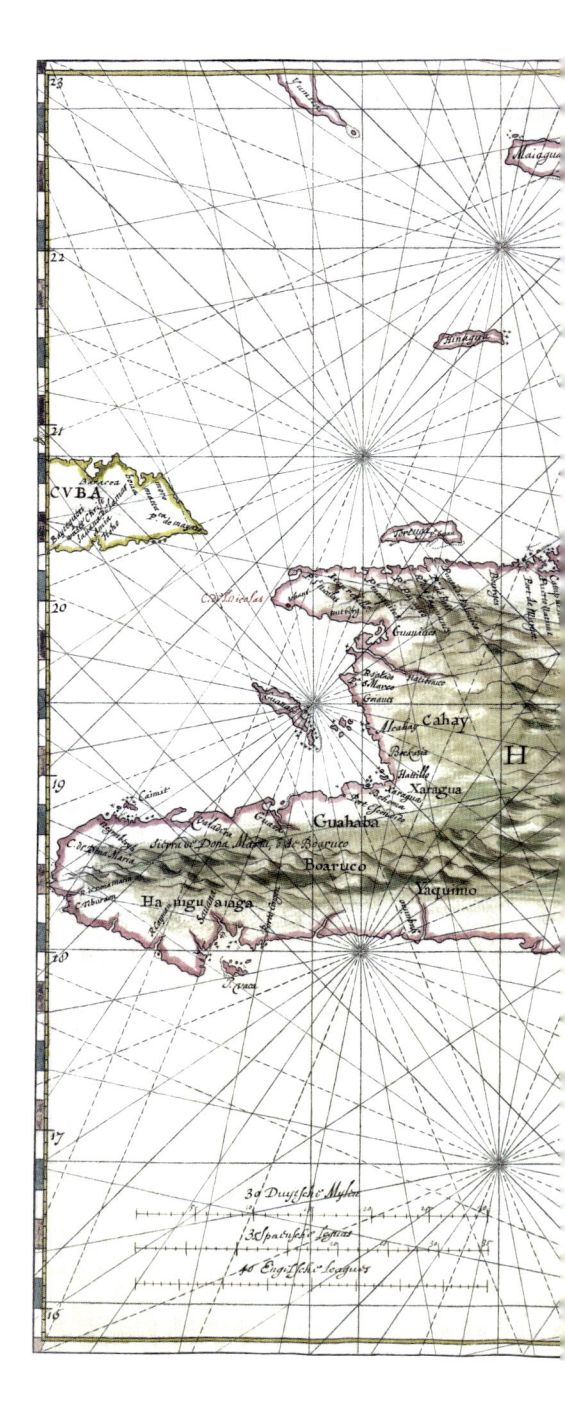

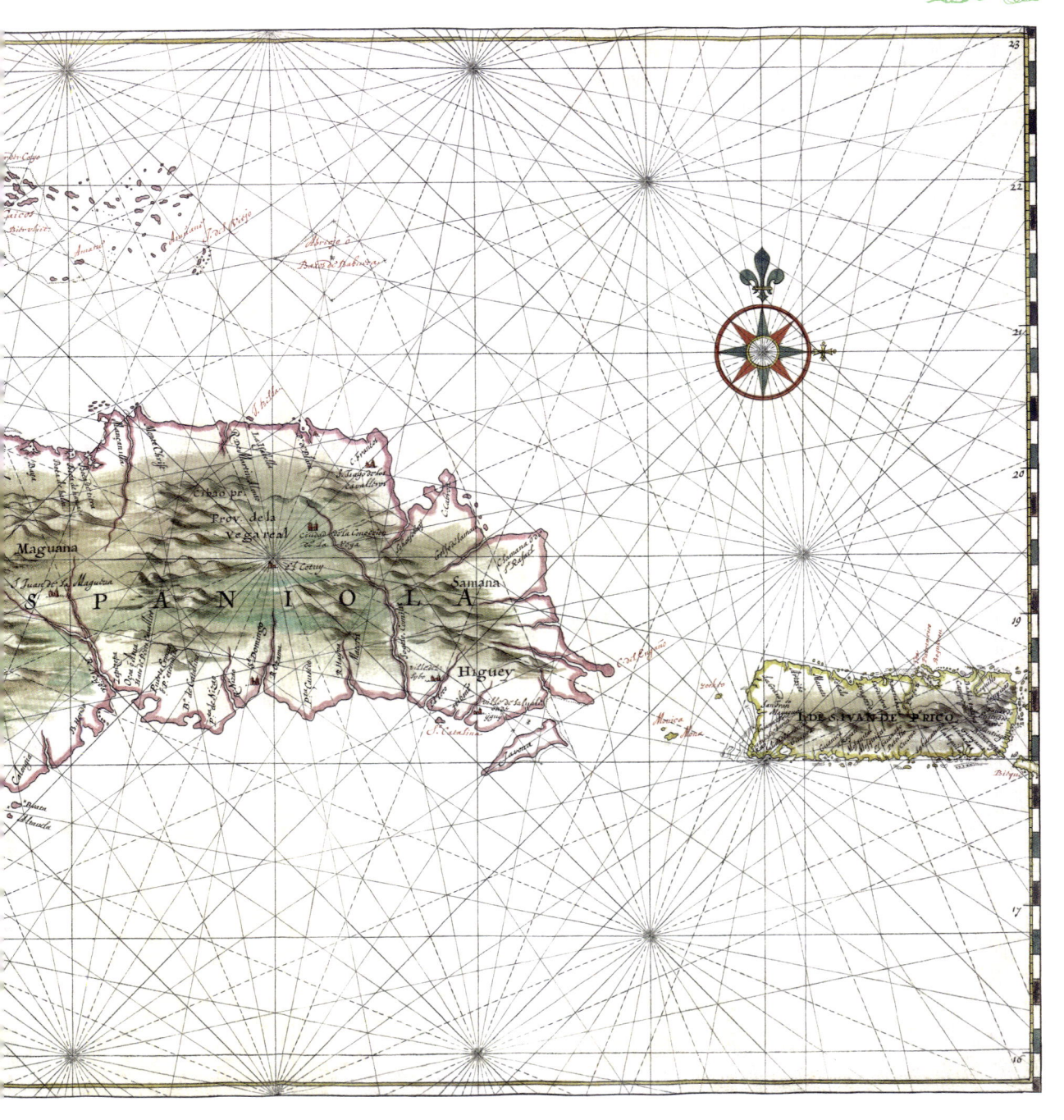

Chapter 3
Exploration & Expansion

106

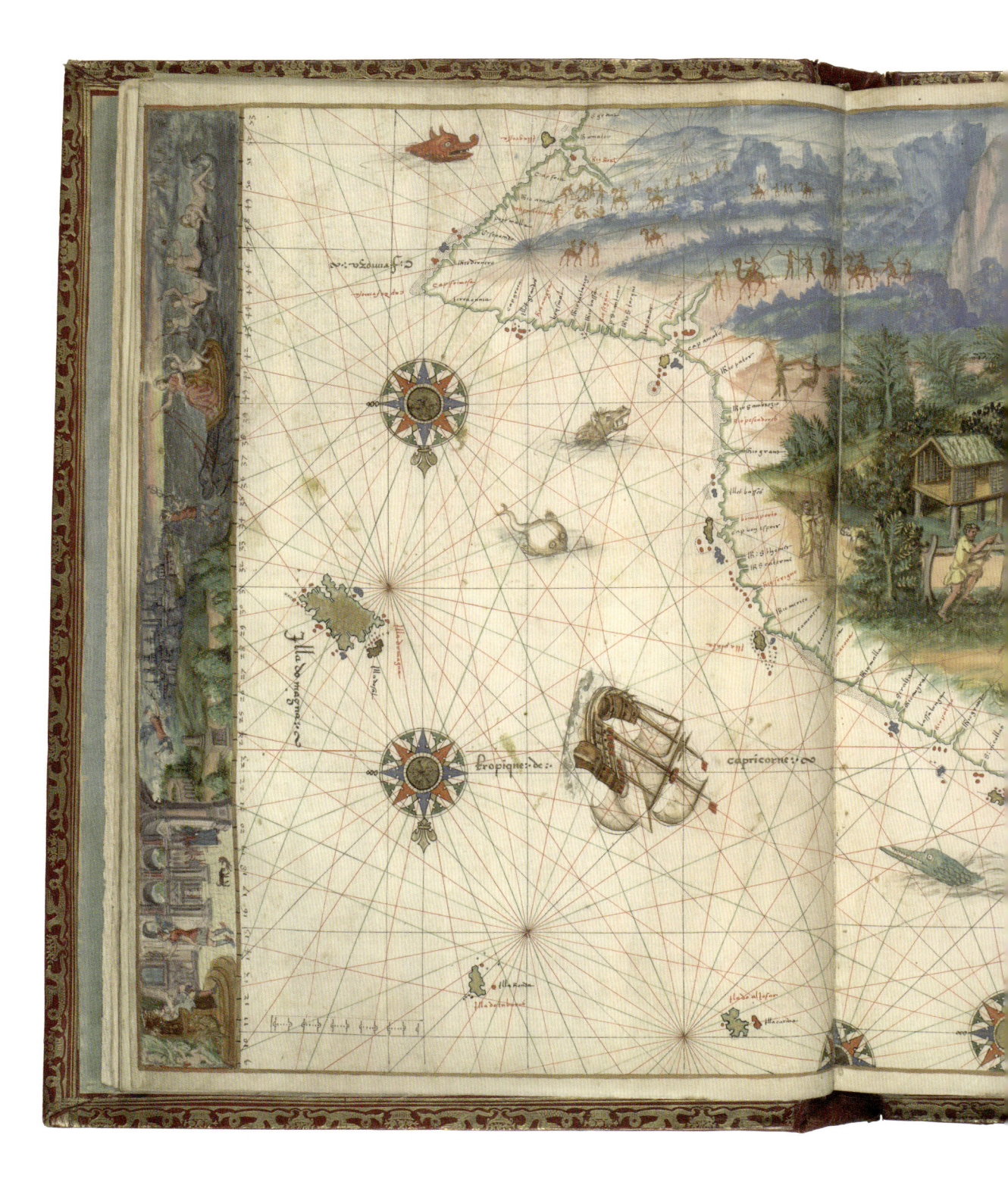

Chapter 3
Exploration & Expansion

Terra Java
『バラールの地図帳』より「ジャワの図」

　1547年刊行の『ニコラ・バラールの地図帳』に収められたこの地図は、ポルトガル人の手による海図だ。ヨーロッパ人がオーストラリアを発見するのは1606年だが、ここにはオーストラリア東岸らしきものが記されている。

　オーストラリアとは別の大陸と勘違いして描いたのか、それとも、実はオーストラリアを発見していたのに秘密にしていたのか、どちらかだろう。当時、探検には秘密がつきものだったから、あながちあり得ない話ではない。もし本当に早い時期にポルトガル人がオーストラリアを発見していたとすれば、その秘密主義のせいで他の国に先を越されてしまったことになる。　［1547年］

108

East Indies, Pieter Goos

ピーター・グースによる東インド諸島図

　17世紀のオランダの銅版画家、ピーター・グースは地図製作者としても知られ、数多くの海図や海図帳を刊行している。どの地図も浅瀬や水深といった地形情報を盛り込んでおり、航海士に重宝された。

　1666年に刊行された『海図帳』はそれまでに作られた中でも特に優れたもののひとつで、その後1740年代まで使われた。そこに収録されたポルトラノ海図がこの東インド諸島図。インド洋のクリスマス島を初めて記載したものだ。グースはこの島を「モニー島」と紹介している。　　［1666年］

Australia, Melchisédech Thévenot
メルキセデク・テブノによるオーストラリア図

　フランス人地図製作者のメルキセデク・テブノによるこの素描は、ヨアン・ブラウが当時知られていた「新オランダ」という名で描いたオーストラリア図をもとにしている。ブラウの原図が描かれたのは1659年、ヨーロッパ人がオーストラリアを発見したとされる1606年からわずか53年後のことだ。地図には、オランダ人探検家のアベル・タスマンとウィレム・ヤンソンの航海にもとづいて、当時知られていた西岸のみが記されている。タスマンの探検はヨーロッパ人による5番目のもの。未踏の内陸部はまったくの空白で、東岸部は広く欠落している。17世紀の終わりまで、オーストラリアは独立した大陸ではなく、アジアと地続きだと考えられていた。

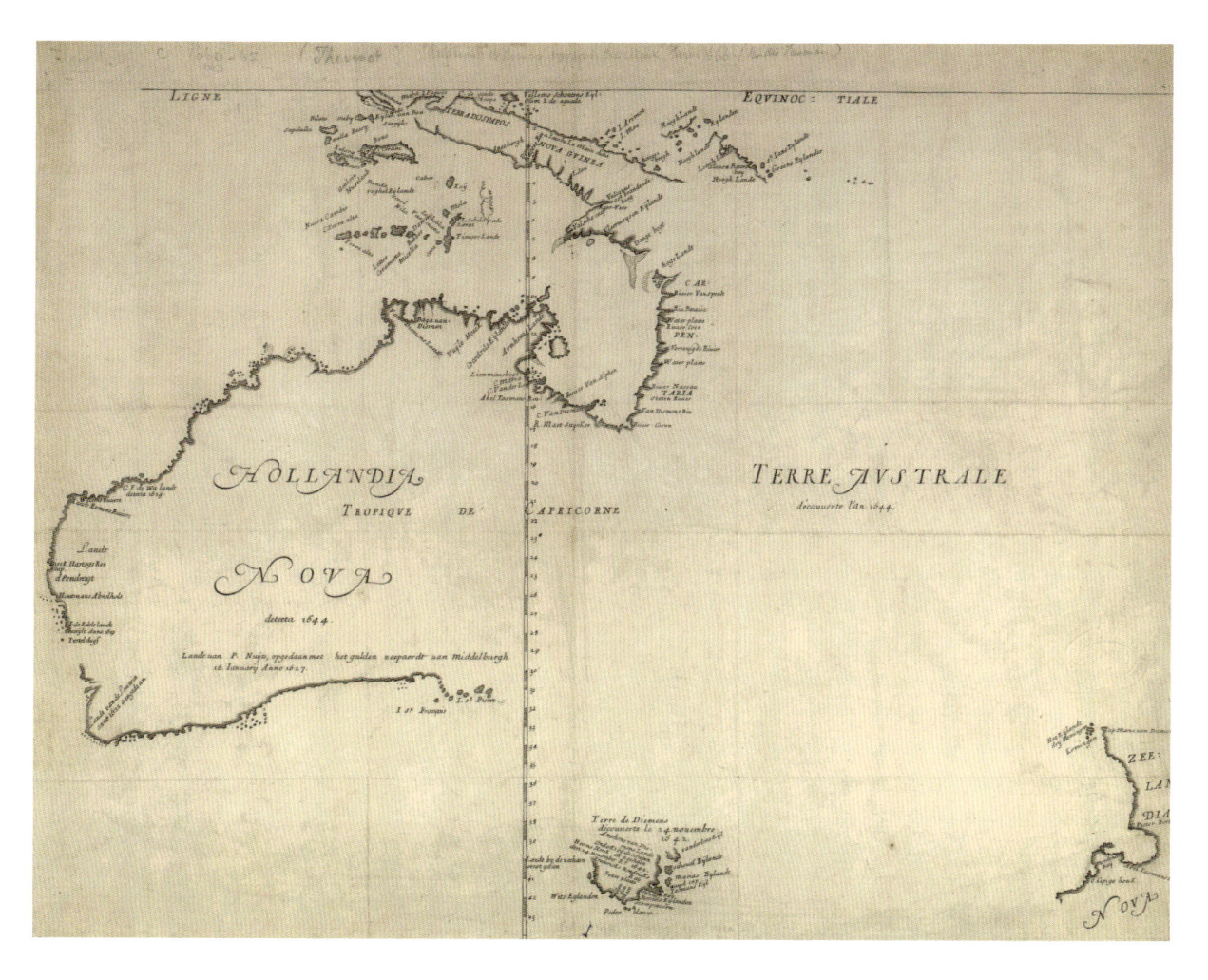

［1664年］

Africa, Athanasius Kircher

アタナシウス・キルヒャーによるアフリカ図

　1665年にアタナシウス・キルヒャーが描いたアフリカの地図は、伝説の「月の山脈」を大きく扱っており、ヨーロッパの地図製作者たちが内陸部をほとんど知らなかったことを露呈している。宣教師としてエチオピアを訪れたイエズス会の同僚、ペドロ・パエスの話を参考にイメージを膨らませて描いたとされる。

　ナイル川は月の山脈から発し、エチオピアにある一連の湖の間を流れていく。一見すると細々と書き込まれているが、実は、図式化した山や伝説上のナイル川の巨大な水源、架空の川や湖などで埋められているにすぎない。　　　　［1665年］

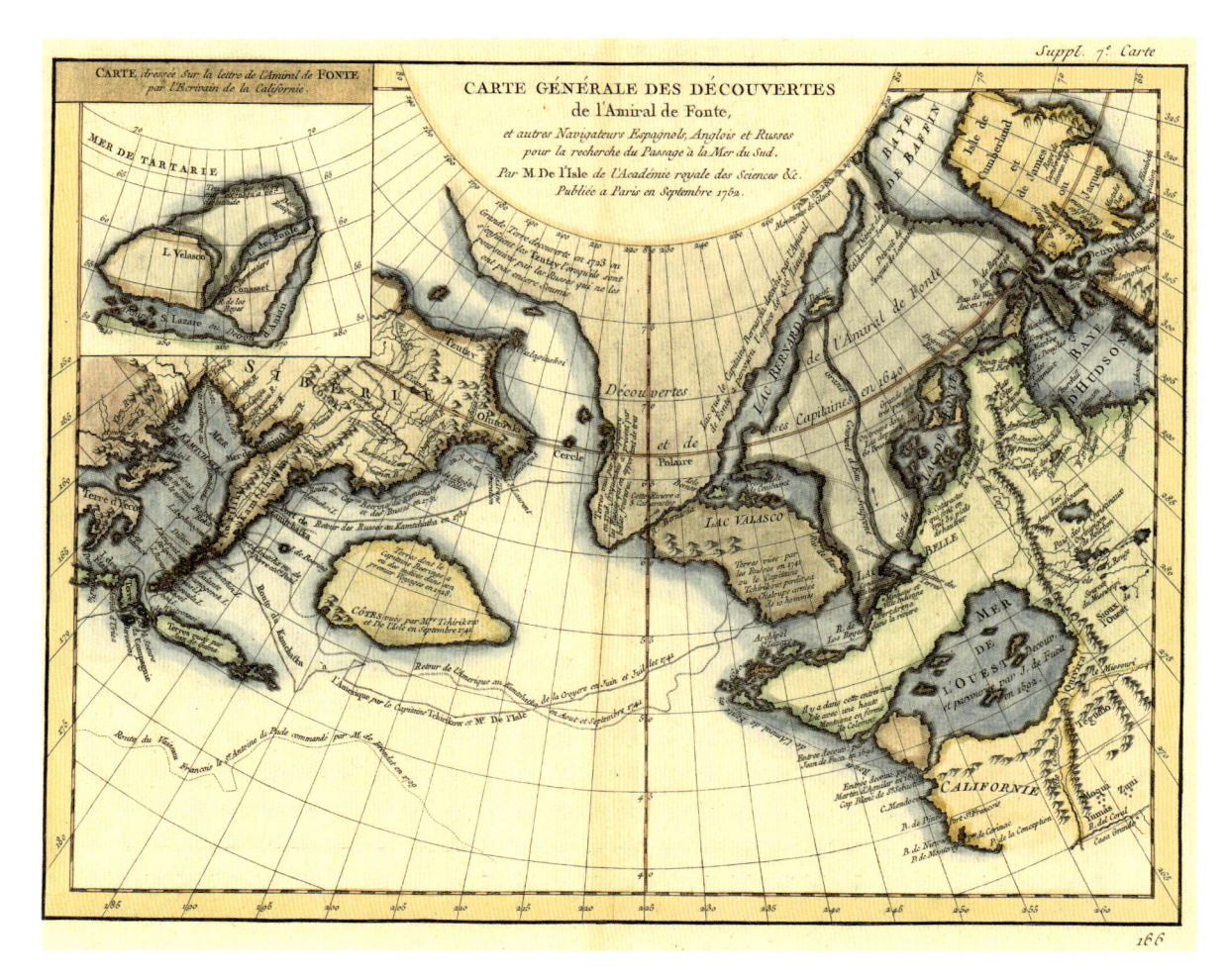

Carte Generale des Découvertes de l'Amiral de Fonte, Joseph-Nicolas de l'Isle

デ・フォンテ提督の北西航路発見図

フランス人天文学者のジョゼフ＝ニコラ・ドリルの手による地図は、空想と現実が奇妙に入り交じっている。

ドリルはロシア科学アカデミーに招聘され、サンクトペテルブルクで21年間暮らした後、パリへ帰る際に機密情報だったロシアの地図を持ち出してしまう。それらをもとに、ドリル自身がシベリア東部やカムチャツカ半島を正確に描いたのがこの地図だ。

その一方で、北米大陸の太平洋側北西部は、スペイン人提督バルトロメ・デ・フォンテが1640年に行ったとされる架空の航海をもとに描かれている。作り話にもとづいているため、こちらの地形はでたらめである。　　　　　　　　　［1752年］

Chapter 3
Exploration & Expansion

The Russian Discoveries, from the Map Published by the Imperial Academy of St Petersburg, Robert Sayer

ロバート・セイヤーによる、ロシアの地理上の発見を盛り込んだ地図

　ドリルが先の地図を出版した後、サンクトペテルブルクのロシア科学アカデミーは、情報を盗み出したことでドリルを非難。ロシアが発見を秘密にしていたことを考えれば至極当然である。アカデミーは、ドイツ人地図製作者のゲルハルト・ミュラーに正確な地図製作を依頼、ミュラーは求めに応じ、ドリルの誤りを修正した官製地図を作り上げた。

　下の図は、英国人地図製作者、ロバート・セイヤーによる1776年の模写だ。ロシア領は正確に描かれているものの、日本の歪みはひどく、北海道は欠けている。北米の輪郭は点線でおおまかに描かれているが、北米大陸の中央部から太平洋へと流れ出る架空の川、「西部の川」がまことしやかに描かれている。　　　　　　　　　　［1776年］

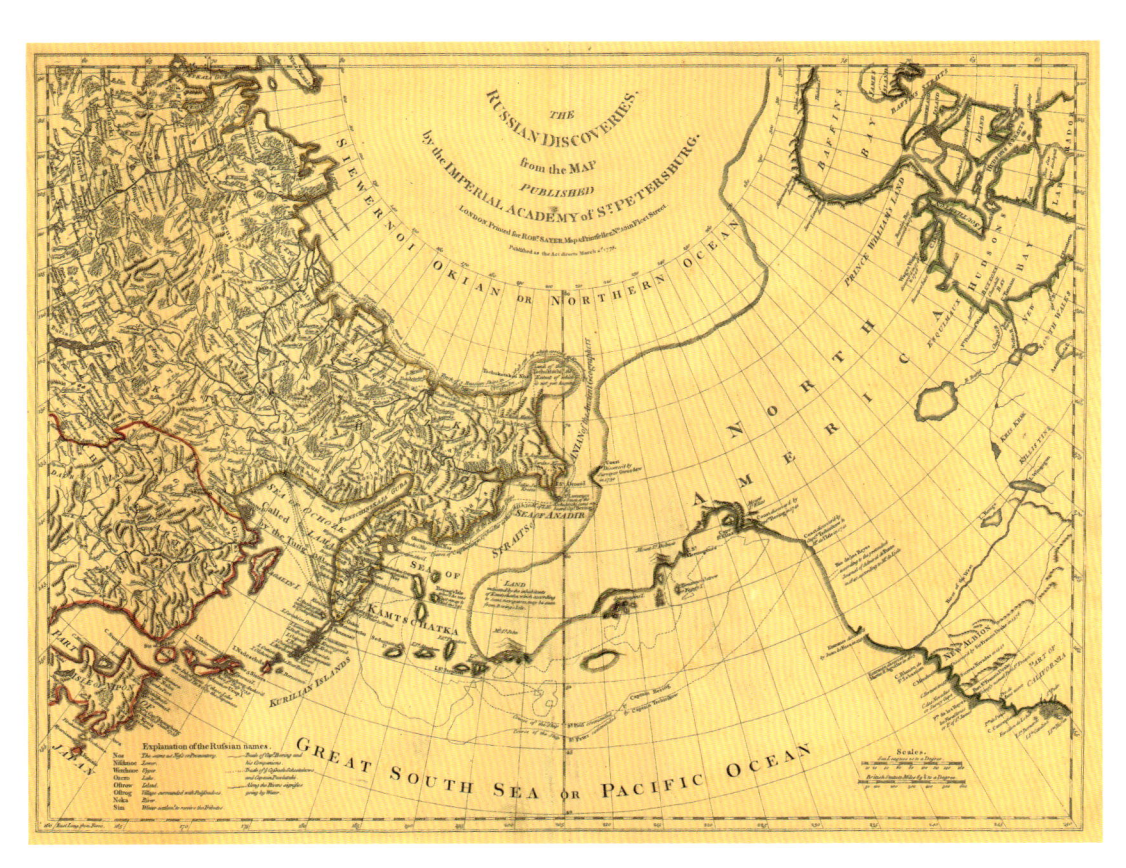

113

Australia, Louis de Freycinet

ルイ・ド・フレシネによる オーストラリア図

　オーストラリアの全体像を初めて示した刊行物がこの地図だ。1800年から1803年にかけてナポレオンの命で行われた、ニコラ・ボダン率いるフランス隊のオーストラリア探検の成果とされる。製作者は探検隊の一員だったルイ・ド・フレシネだ。ボダンらはヨーロッパ人として初めて南部沿岸の一部と西部沿岸全域を発見した。

　途中、海岸線の測量にあたる英部隊と出くわしている。ボダンは、オーストラリアの英国領をいかに占領するか、ナポレオンへの報告書を準備していたと考えられている。海岸線が詳細に示される一方で、未踏の内陸部はまったくの空白である。初版では、地名をあえてフランス風の名に書き改めているが、後の版では元の地名に戻された。

［1811年］

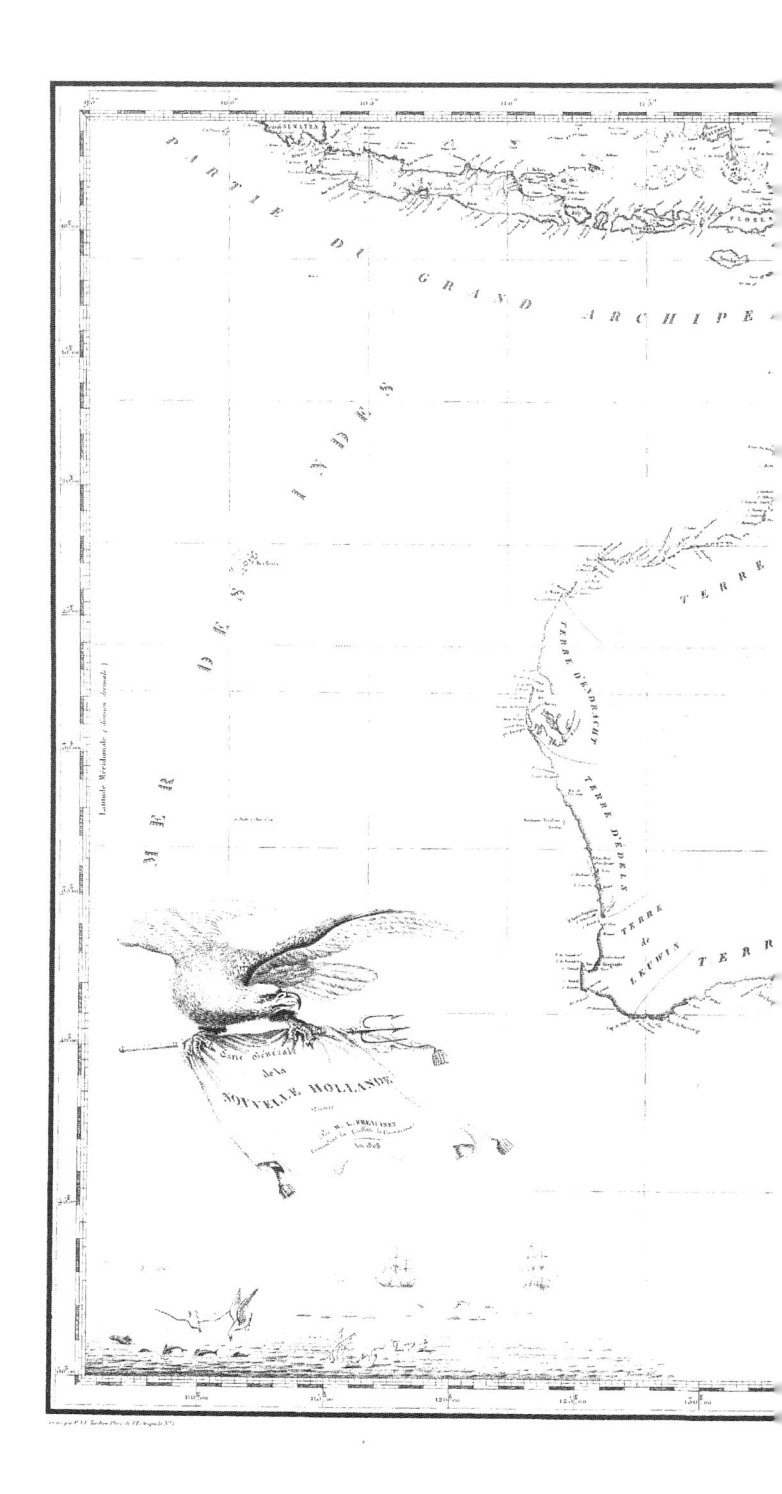

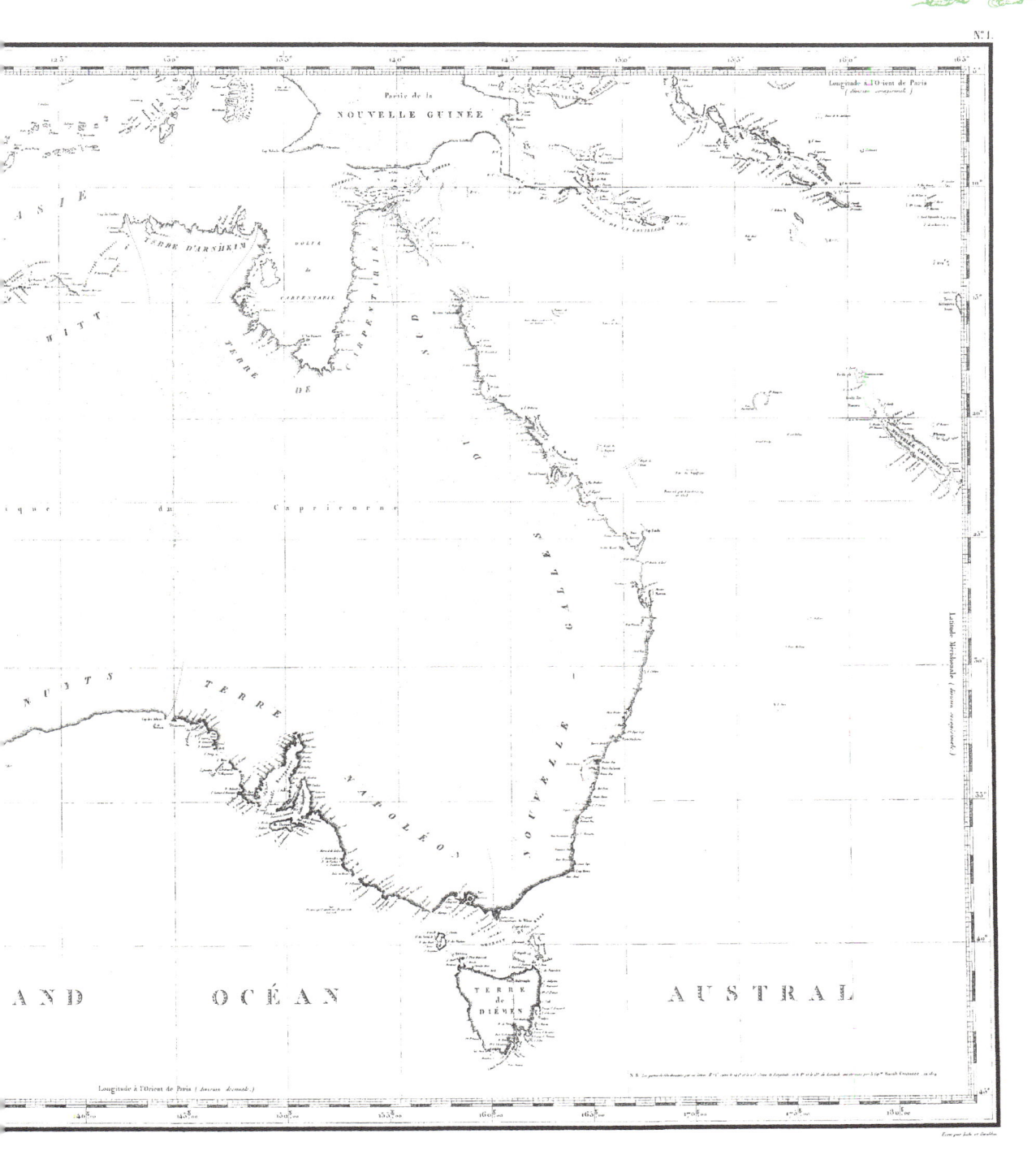

Chapter 3
Exploration & Expansion

Antarctica, Justus Perthes
ヨストス・ペルテスによる南極大陸図

　南極大陸が発見されるまでは、北半球の陸地と釣り合いをとるために南半球にも巨大な陸地があるはずだと長く信じられていた。想像上の南方大陸が地図に描かれることがあったのもそのためだ。

　この地図は1906年にドイツの地図製作者ヨストス・ペルテスが刊行したもので、南極大陸を正しい形で描いている。1年の大半が雪に覆われる南極には道も川もなく、海岸線も氷で埋め尽くされて消えてしまう。当然、地図製作は困難を極めた。正確な地図の完成は、地震波のデータや空撮写真が利用できるようになる20世紀後半を待たねばならなかった。　　　　　　　　　　［1906年］

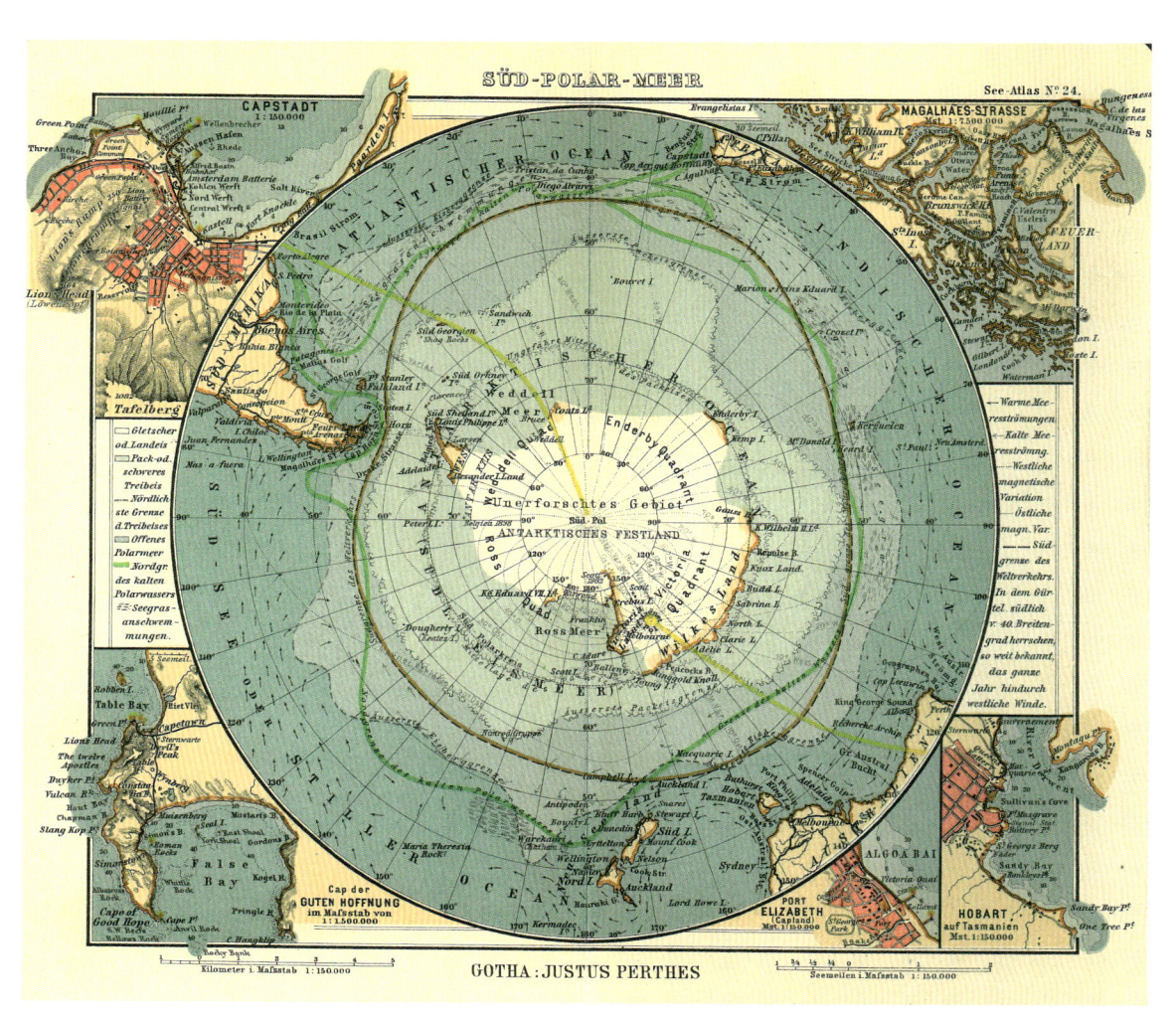

Seabed

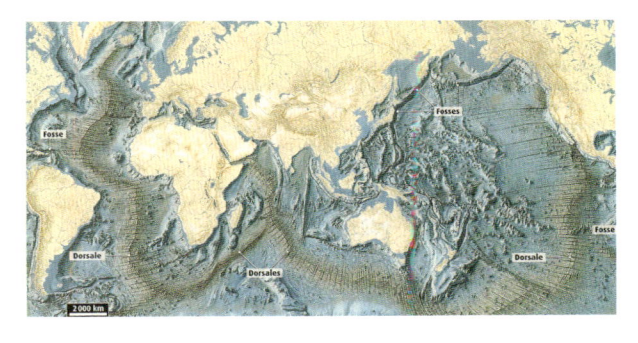

海底図

　19世紀の終わりにはほぼすべての陸地が既知のものとなり、地図製作において残された課題は海岸線の修正を残すのみになってしまった。そして20世紀に入ると、探検家の目は海底、月、他の惑星に向くようになる。

　衛星技術を用いて得られたこれらの地図を見れば、山脈や平原は陸の上だけでなく海底にもあることがわかる。ことにアジアやオーストラリア周辺の太平洋海域は、海底の地形が変化に富み、そびえたつ山々や深く切れ込んだマリアナ海溝（日本の右下に弧を描く黒い線）も存在する。この海溝は深さが約1万1000メートルもあり、地球上で最も深い峡谷である。　　　　　　　　　　　　［20世紀］

The
Story of
Maps
Chapter

4

World
Visions

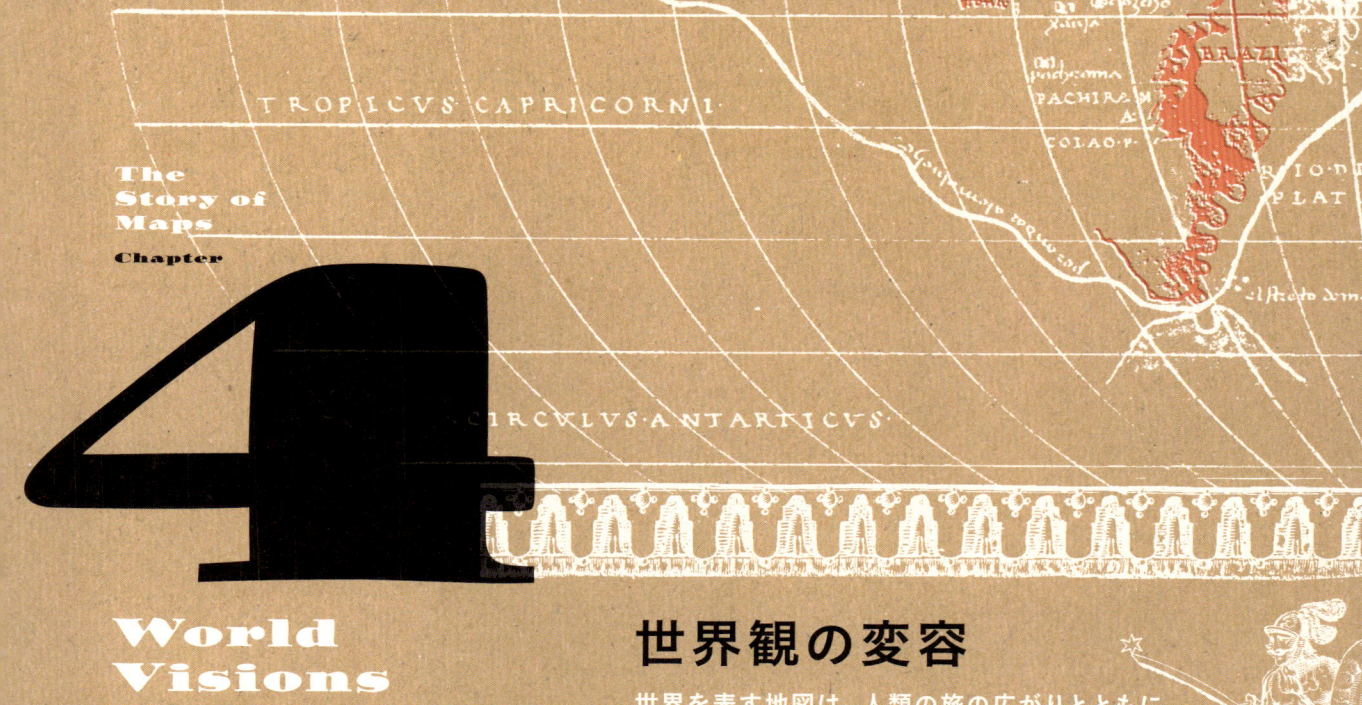

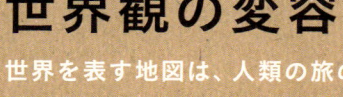

世界観の変容

世界を表す地図は、人類の旅の広がりとともに
その姿を変えていった。

　その昔、人の生活圏は実に狭く、彼らが知り得たのは歩いて行けるところか、せいぜい船に乗って回れる範囲までだった。ごく初期の世界地図を見ればそれがわかる。そこでは、自分たちの小さな世界を中心に据え、未知の領域は想像で描いているにすぎない。

　ヨーロッパの世界観は、千年以上にわたって古代ローマの地理学者プトレマイオスの理論の上に成り立っていた。だが、15世紀以降、新たな地理上の「発見」が相次ぐ。まずはアメリカ大陸、そしてアフリカ南部、アジア、太平洋諸島、オーストラリアやニュージーランド、そして南極大陸というように。こうした世界の広がりがヨーロッパの地図の様式に変革を迫っていく。なにしろ従来のままでは、知っている世界をうまく描けなくなってしまったのだ。

　そこで登場したのが三つの様式である。ひとつは東半球と西半球という二つの円で世界を表す地図。もうひとつは長方形や楕円形で世界を表す地図。残りひとつが、ゴアと呼ばれる何枚もの幾何学的な断片から成り、球面に張り付ければ地球儀が作れる地図だ。丸い地球を平面に描くとどうしてもひずみが生じる。このひずみを最小限に抑えるために、様々な投影法が編み出された。現代人が認識している世界の姿は、まさにこうした投影法によるものなのだ。

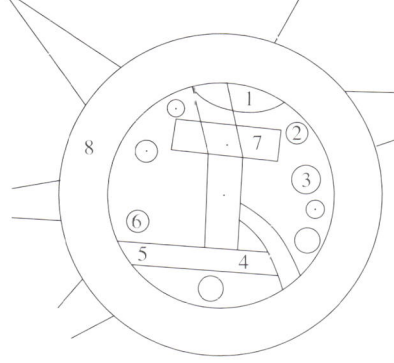

Chapter 4
World Visions

1. 山
2. 都市
3. アッシリア
4. 湿地
5. 運河
6. 都市
7. 首都バビロン
   （中央にユーフラテス川が流れる）
8. 海（塩水）

Imago Mundi

バビロニアの世界地図

　紀元前600年頃のバビロニアで粘土板に刻まれたこの地図は、神話的ではない世界を描いた最古のものだろう。

　円で表される世界の中央に首都バビロンが置かれ、その周りを「苦い川」と呼ばれる塩水が取り囲む。外側の三角形は7つの島だ。ここには山と川と湿地、そしていくつかの都市が描かれている。

　バビロニア人のこうした世界観が、中世のTO図（P.123）に影響を与えた可能性がある。

[紀元前600年頃]

119

World Map, Ibn Hawqal

イブン・ハウカルによる世界地図

　977年頃にイブン・ハウカルが作った円形の世界地図は、バルヒー学派（P.22）の流儀にのっとり極度に図式化されている。描かれているのは、当時のイスラム世界で知られていた世界とそれを取り巻く大洋だ。東が上で、右下の大きな水域がインド洋を表し、アラビア半島が左上から突き出している。左上の小さな水域は地中海を表す。

　ハウカルはアル＝イスタフリと同時代人で、互いの地図を見比べては修正し合っていたという。ハウカルは、様々な土地を詳しく紹介した地誌を執筆した。そこには、イスラムにおける世界地図の標準的な作法に従って、世界地図1点、海洋地図3点（地中海、ペルシャ湾、カスピ海）、イスラム帝国の地域図17点が収録されている。　　[977年頃]

Chapter 4
World Visions

T-O Map
TO図

　ベアトゥス図の原型は、TO図と呼ばれる図式化されたマッパ・ムンディだ。ヨーロッパ中世を通じて用いられた。O字型の世界がT字型で仕切られ、上（東）にアジア、下半分にヨーロッパとアフリカを描いている。　　　　　　　　　［13世紀初頭］

Ptolemaic Map of the Inhabited World

プトレマイオス図

　プトレマイオスの地理書は、何世紀にもわたってヨーロッパと中東の地図製作者に影響を与えてきた。しかしながら、現存する最古の写本は、彼の死後1000年ほどたってから作られたものだ。プトレマイオス自身が地図を描いたかどうかは定かでなく、仮にそうだったとしても原図は既に失われている。大事なことは、彼が格子状の経緯線で位置を示す、新たな地図製作法を編み出したことだ。また、数学を用いて、丸い地球を平面に描いた最初の人物でもある。

　このプトレマイオス図には、人が住むと考えられていた地域が描かれている。当時まだ知られていなかったアフリカ南部、アジア北部、アメリカ、オーストラリアやニュージーランド、南極、ヨーロッパやロシアの最北部、太平洋や大西洋はもちろん記されていない。この図は13世紀にビザンチン（東ローマ）帝国で復元されたもので、プトレマイオスの地図がヨーロッパに普及するのはもっと下って15世紀以降になる。　　　　　　［2世紀］

Chapter 4
World Visions

アル＝イドリーシーによる『ルッジェーロの書』

シチリア王ルッジェーロ２世は、かねがね地図が不正確であることに不満を抱いていた。そこで、アラブ人地理学者のムハンマド・アル＝イドリーシーに、確かな情報にもとづく新しい世界地図の製作を命じる。

その命を受け、アル＝イドリーシーたちは、15年の歳月をかけて、多くの旅行者から聞き取り調査を行い、集めた情報を厳しく精査して地理書を作り上げた。

プトレマイオスに従って世界を７つの気候帯に

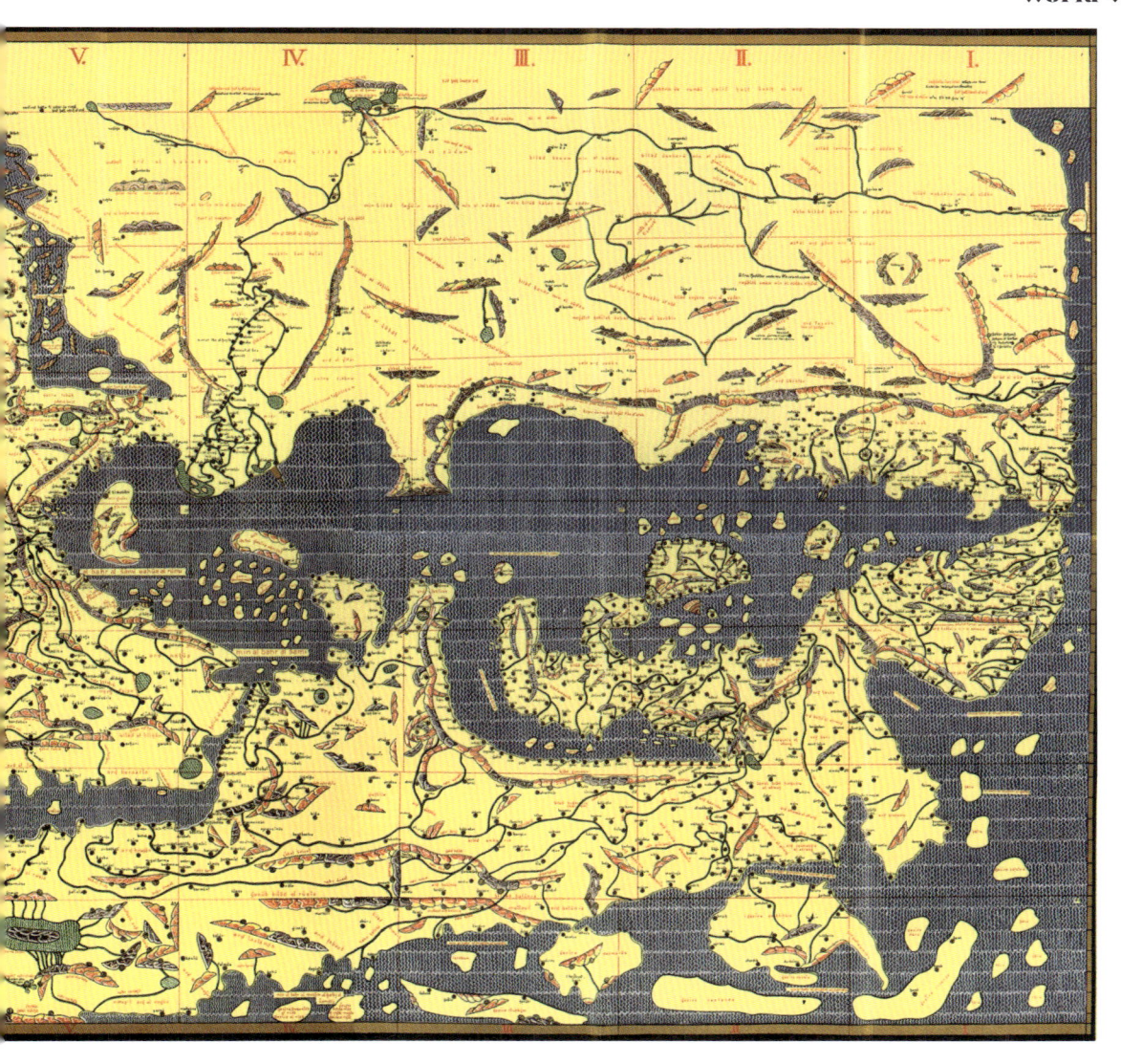

Tabula Rogeriana, Al-Idrisi

上の図は各地域図をつなぎ合わせたもので、南が上になっている。図の右上にあるアフリカはインド洋へと延び、右側中央には地中海が見えている。『ルッジェーロの書』は、その後300年間にわたって最も正確な世界地図とされた。　［1154年］

分け、さらにそれを経線で10区分して総計70区画の地図を製作。その解説とともに収めたものが、地理書『ルッジェーロの書』である。本の完成は1154年、ルッジェーロ２世が死去するわずか数週間前のことだ。

Sawley Map, Honorius Augustodunensis

ホノリウス・アウグストドゥネンシスによるソーリー図

　12世紀に作られたこのマッパ・ムンディは、ドイツやイギリスに滞在経験のある修道士で神学者、ホノリウス・アウグストドゥネンシス（1080〜1154年）の作とされる。世界史、地理、宇宙を論じた百科事典的な著書『世界像（イマゴ・ムンディ）』に収められており、「ソーリー図」の名で知られている。古代ギリシャ・ローマの伝統とキリスト教の伝統を織り交ぜ、中央には地中海が描かれている（時代が下るとエルサレムが中心になる）。

　実在の都市だけでなく、楽園（図の一番上）など神話上の地名も記されている。ギリシャ神話に登場する海の怪物、スキュラとカリュブディスも登場し、前者は犬の頭、後者はシチリア島近くの渦巻きで描かれている。左下に見えるのはブリテン諸島、右側はアフリカ大陸だ。この図が130ページで紹介する「ヘレフォード図」のもとになった可能性がある。

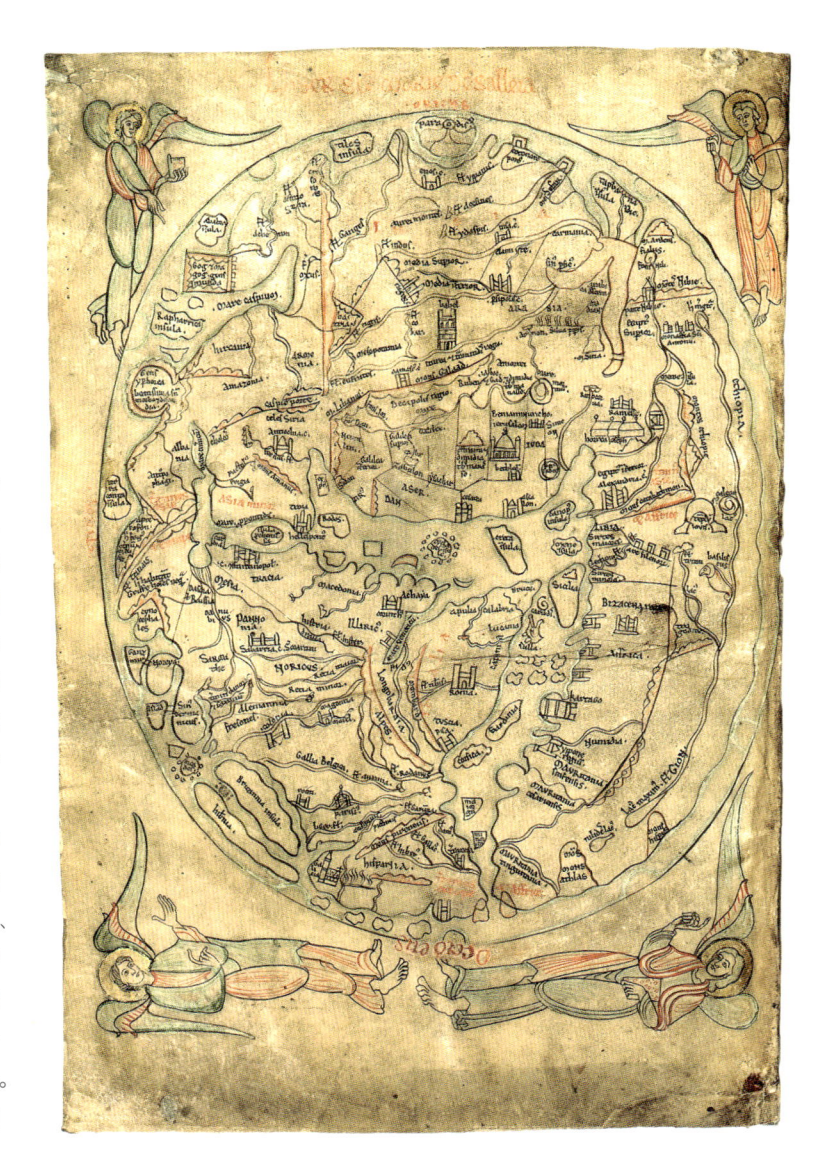

［12世紀］

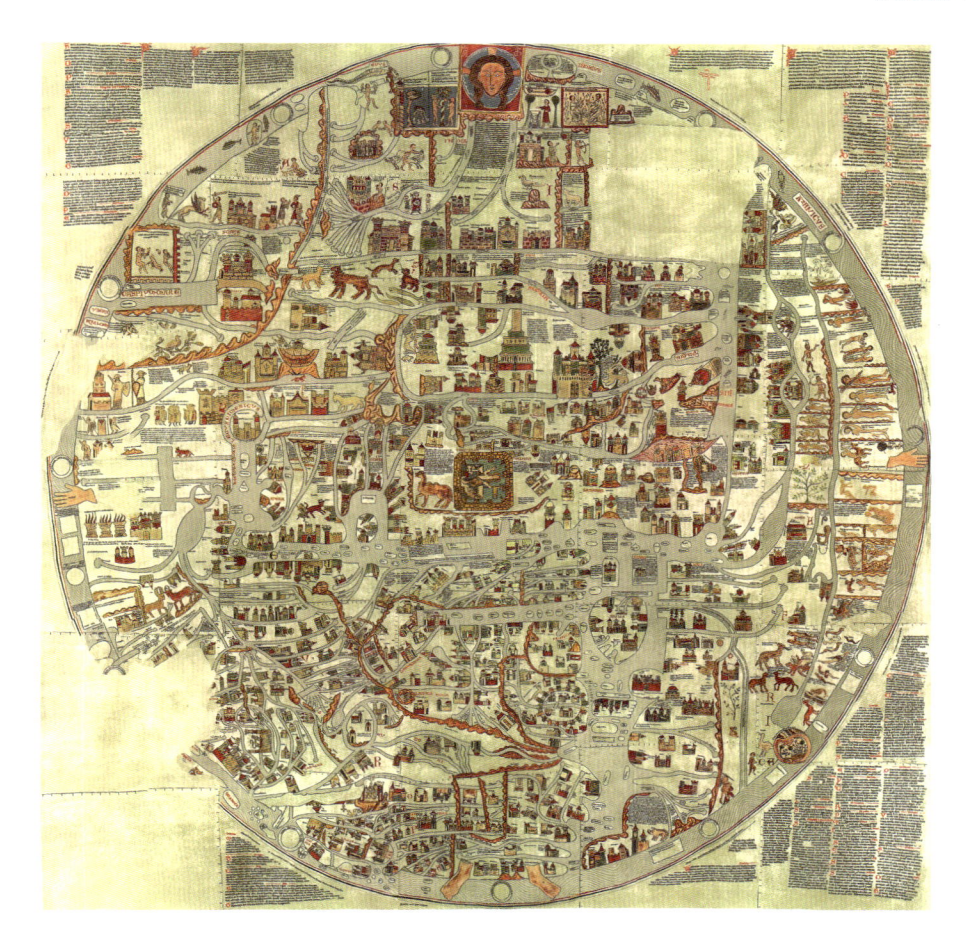

Ebstorf Map

エプストルフの地図

　上は、13世紀に作られたマッパ・ムンディで、ドイツのエプストルフで発見された。中世に作られた世界地図のうち最も大きなもので、3.5メートル四方にもなる。30枚のヤギ皮を縫い合わせたものに描かれている。原図は第二次世界大戦中に連合軍の爆撃で焼失したため、この図は写真をもとに復元された。

　ここにはキリストの身体をかたどった図の中に、当時知られていた世界が描かれている。上(東)に頭、左右に手、下に足が見える。中央にはエルサレムが据えられ、磔刑(たっけい)の場面も描かれている。

　文章が1500、絵が845と、合計2345もの書き込みがあり、伝説上の獣や種族、聖書の引用など、様々な情報で埋め尽くされている。　　[13世紀]

Hereford
Mappa Mundi,
Richard
De Bello

リチャード・デ・ベロのヘレフォード図

　イングランドのヘレフォードにあるマッパ・ムンディは保存状態が非常によいもののひとつだ。仔牛の皮でできた1枚の犢皮紙に描かれている。中央の円の直径は1.3メートルもあり、現存する中世の地図の中で最大級のものだ。東を上とし、その中心にはエルサレムを描いている。多様な情報を駆使して、地理情報だけではなく、社会的、神話的、宗教的な情報が詳しく書き込まれている。

　製作者の名が記されているのは、中世の地図には珍しい。「ハルディンガムとラフォードのリチャード」とあり、これはリチャード・デ・ベロだとされる。

［1290年頃］

Chapter 4
World Visions

World Map, Pietro Vesconte

ピエトロ・ベスコンテの世界地図

　ピエトロ・ベスコンテは、地図に製作日と名前を記しはじめた地図製作者の一人だ。この図には1321年と書かれている。

　ベスコンテは、先人の誰よりも正確さにこだわったが、未知の場所についてはそうでもなかったようだ。アフリカ、東アジア、北方の地域は、それまでと同様に誤った情報にもとづいている。神話的な記述を可能な限り退けている一方で、東方かアフリカに存在するという失われたキリスト教国の司祭王、プレスター・ジョンの伝説はここでも健在だ。右上のインド沿岸に"Fre Judig（修道士ジョン）"の文字が見える。　　　　　　　　　　［1321年］

131

Catalan World Map
カタルーニャ図

　ユダヤ人の装飾写本家、アブラハム・クレスケスが1375年に描いたこの図は、マヨルカ学派の作品の中では最も保存状態のよいものだ。マヨルカ学派とは、マヨルカ島を拠点に活動した中世の地図職人のことを指す。地図は羊皮紙6枚からなり、もとは真ん中で折って表装していたが、現在は半分に切って木板に貼られている。アラゴン王国を中心とした緩やかな連合王国が地中海の海上交通を牛耳っていた時期に作られた。

　「地中海帝国」とも呼ばれるこの王国は、バレアレス諸島、サルディーニャ島、シチリア島、ギリシャの島々など、数多くの島からなっていた。カタルーニャのアラゴン王の命で作られたこの図には、帝国の威容を示す意図があったようだ。ポルトラノ海図をもとに、内陸部も詳細に描いている。東方の大部分は、イギリス人ジョン・マンデビルやマルコ・ポーロなどの旅行記に依拠している。地図上に描かれた旗は、都市がどの国の政治的支配下にあるかを示す。　　　　　　　　　　［1375年］

Chapter 4
World Visions

World Map, Giovanni Leardo
ジョバンニ・レアルドによる世界地図

　1452年か1453年に、ジョバンニ・レアルドが製作したマッパ・ムンディがこの図だ。ベネチア方言で記されており、東を上にしている。左端(北)には「寒くて住めない砂漠」、右端(南)には「暑くて住めない砂漠」が示される。マッパ・ムンディの慣例に従い、上に楽園(劣化でぼやけている)、シナイ山、そしてノアの箱舟が乗り上げたアララト山を描いている。　　　　　　　　　　　　　［1452年頃］

Chapter 4
World Visions

World Map, Fra Mauro
フラ・マウロによる世界地図

　フラ・マウロによってベネチアで作られた、中世の最後を飾るマッパ・ムンディだ。挿絵や注釈が所狭しと書き込まれたマッパ・ムンディの百科事典的性格を受け継ぎつつ、プトレマイオスに批判的なフラ・マウロは、この地図でそれまでの限界を乗り越えようとした。一部はプトレマイオスを踏襲しているものの、プトレマイオス以降に「発見」された場所を書き加え、注釈でそのことを説明している。プトレマイオスが北を上にしたのに対し、イスラムの伝統に従って南を上にしている。

　日本が初めて描かれた西洋の地図のひとつで、ジャワ島の下に"Cimpagu（日本）"島が置かれている。直径2メートルの円からなるこの図は、羊皮紙に描かれ、木枠に収められている。　　［1450年］

135

Genoese World Map
ジェノバの世界地図

　上質皮紙に描かれた美しい地図だ。異なる地図製作法を組み合わせることで、従来の伝統に新たな発見を融合させようとしている。

　作り手にとって馴染み深い地中海周辺はポルトラノ海図で描かれ、航程線や海岸線が非常に詳細に示されている。それ以外の地域はプトレマイオスやイスラムの地図の影響が強い。アフリカ南部は歪み、エチオピアはドラゴンの楽園と化している。インドの描写は心もとないが、空想の産物を排して、できる限り正確に描こうとする姿勢が感じられる。

［1457年］

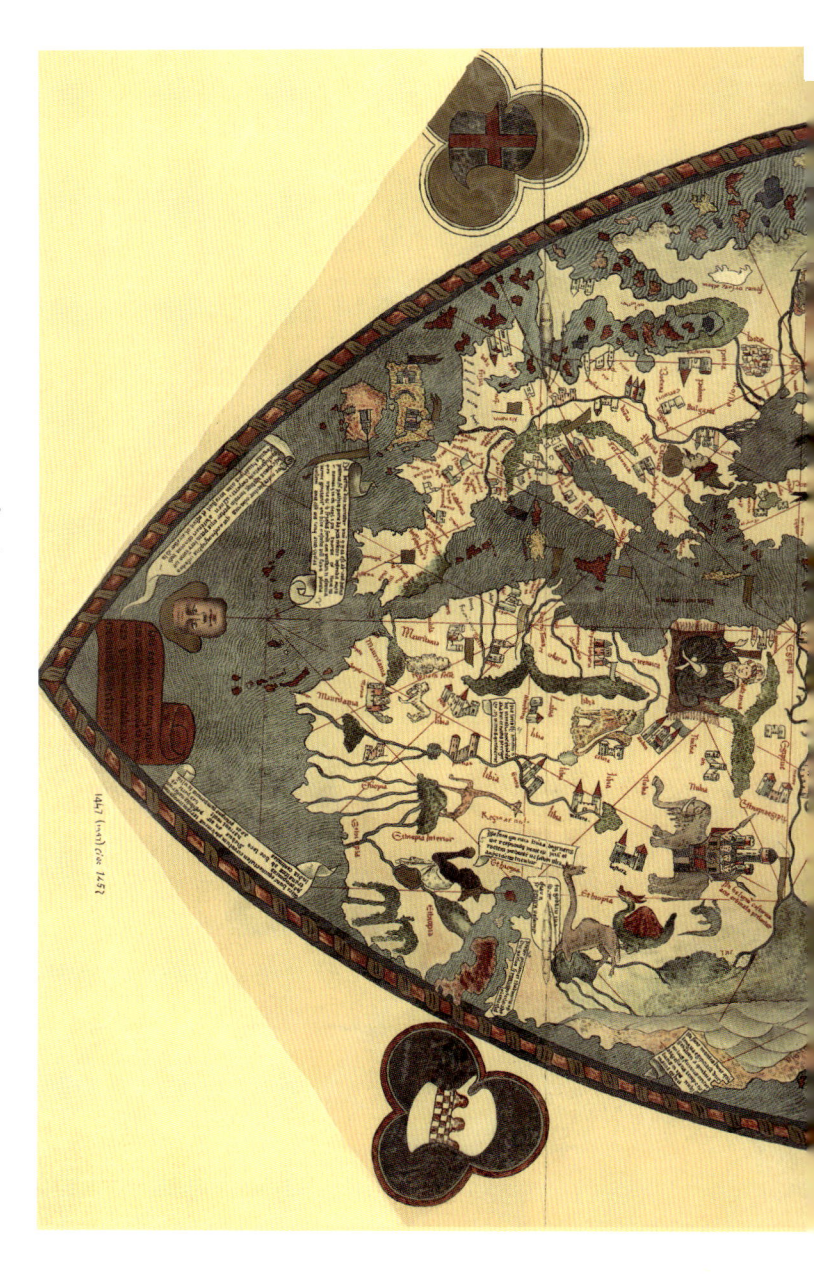

Chapter 4
World Visions

137

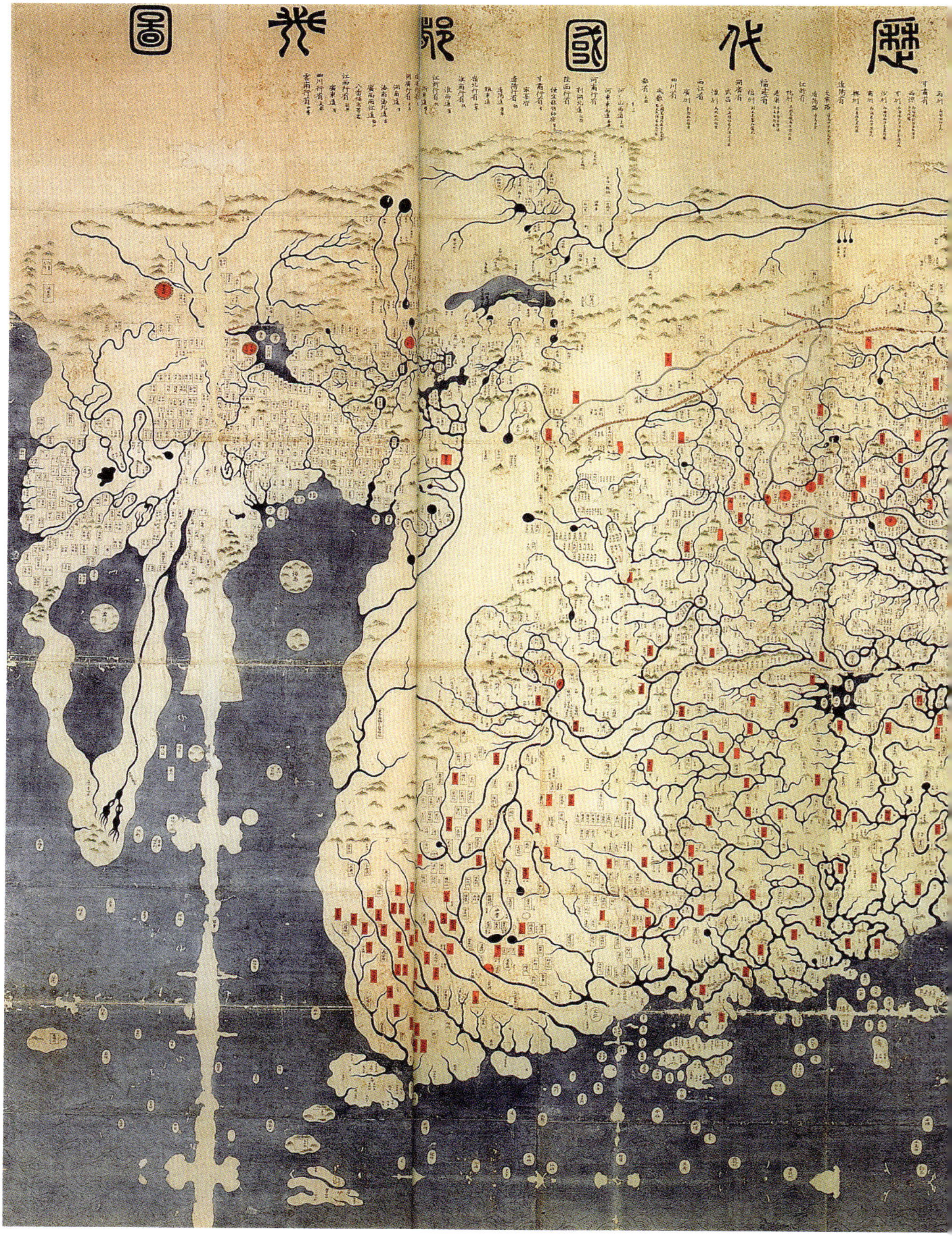

Chapter 4
World Visions

Kangnido

疆理図
きょうりず

　絹地に描かれた李氏朝鮮時代のこの地図に、正式には混一 疆理歴代国都之図（「歴史上の首都一覧図」の意）と呼ばれる。1402年に伝わった中国の地図をもとに描かれたもので、左の図は1470年に模写されたものだ。

　東アジアで作られた現存最古の世界地図のひとつとされ、現在は日本にある。もとの区では日本が逆さまに描かれていたが、この図では正しく修正されている。

　左端のアフリカは、内陸部は不正確であるものの、南部については同時期のヨーロッパの地図よりは正確に描かれていて、イスラムの影響が感じられる。ただ、アフリカ北部の西に張り出した部分は見当たらず、西方の地域は極端に小さく描かれていて、情報も古い。極東が西方に抱くこうしたイメージは、16、17世紀まで変わらなかった。

［1470年製作の模写］

Martellus World Map
マルテルスによる世界地図

　ドイツの有能な地図製作者、ヘンリクス・マルテルスが1490年に手がけた作品だ。中世の地図製作法にルネッサンスの新たな手法を取り入れて描かれている。136-137ページのジェノバの世界地図と同様に、地中海の描写はポルトラノ海図、それ以外はプトレマイオスを踏襲し、さらに新たな発見を盛り込んでいる。

　バルトロメウ・ディアスは1487年から1488年にかけての航海でアフリカ最南端の喜望峰に到達したが、この図はその探検の成果を初めて取り入れたものとされる。

　マルチスペクトル画像処理による近年の調査で、地図上に説明文があることが判明した。そこには、1441年にイタリアを訪れたアフリカ人使節がもたらしたと思われる、アフリカ内陸部の情報が記されていた。アフリカ人による、アフリカの地理についての、初期のまとまった記録といえる。東南アジア沿岸は、相変わらず想像の域を抜けていない。

　この地図は、1492年に地球儀を作製したマルティン・ベハイム（P.142）や、西回りでアジアを目指すコロンブスに影響を与えたと考えられている。この地図によると、インドまで西へ進めばわずか7200キロだが、わざと引き伸ばされたアフリカを経由すると2万4000キロにもなる。その裏には、コロンブスの西回り航海を支持しようとする政治的な意図があったようだ。　　　［1490年］

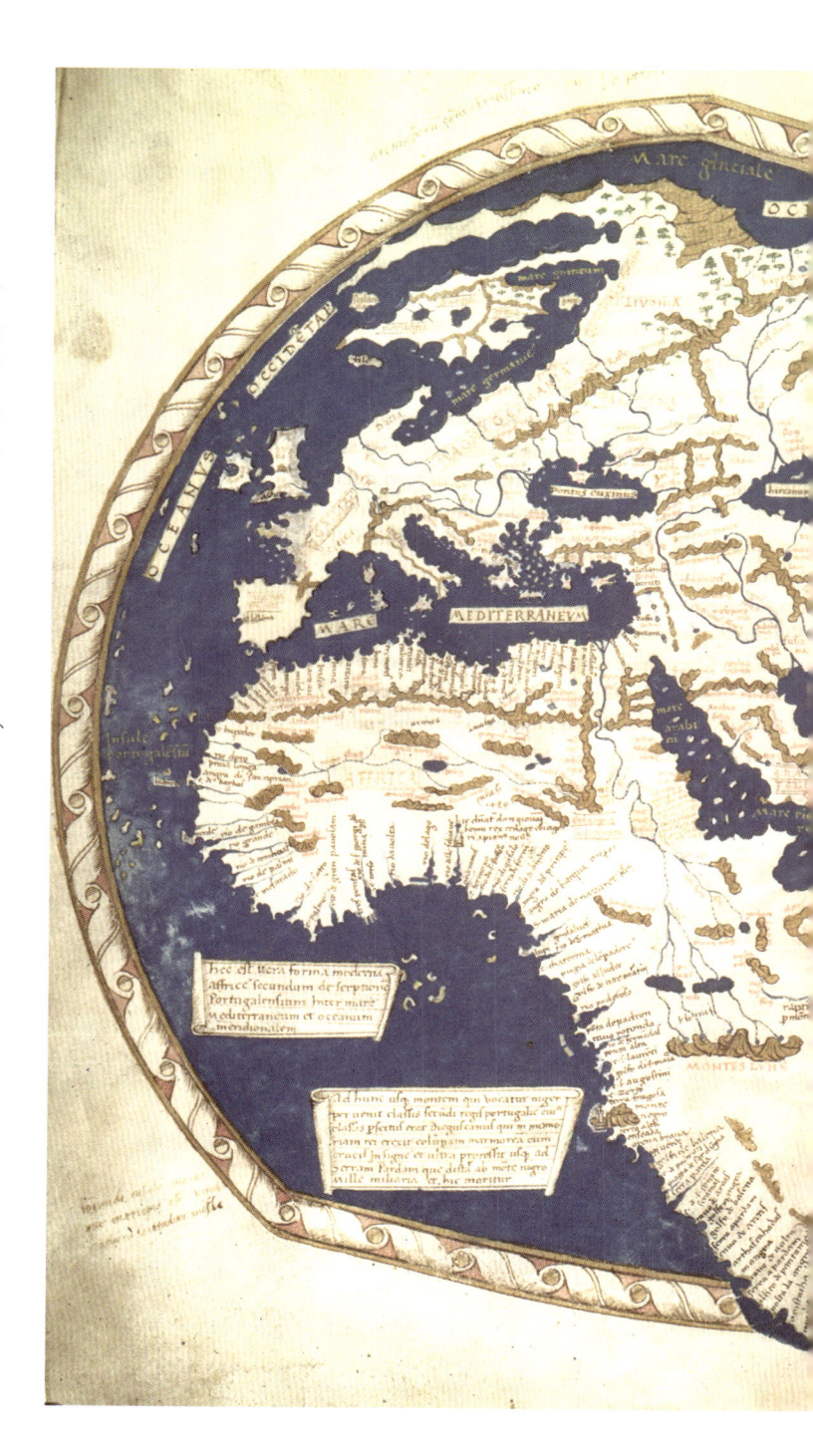

Chapter 4
World Visions

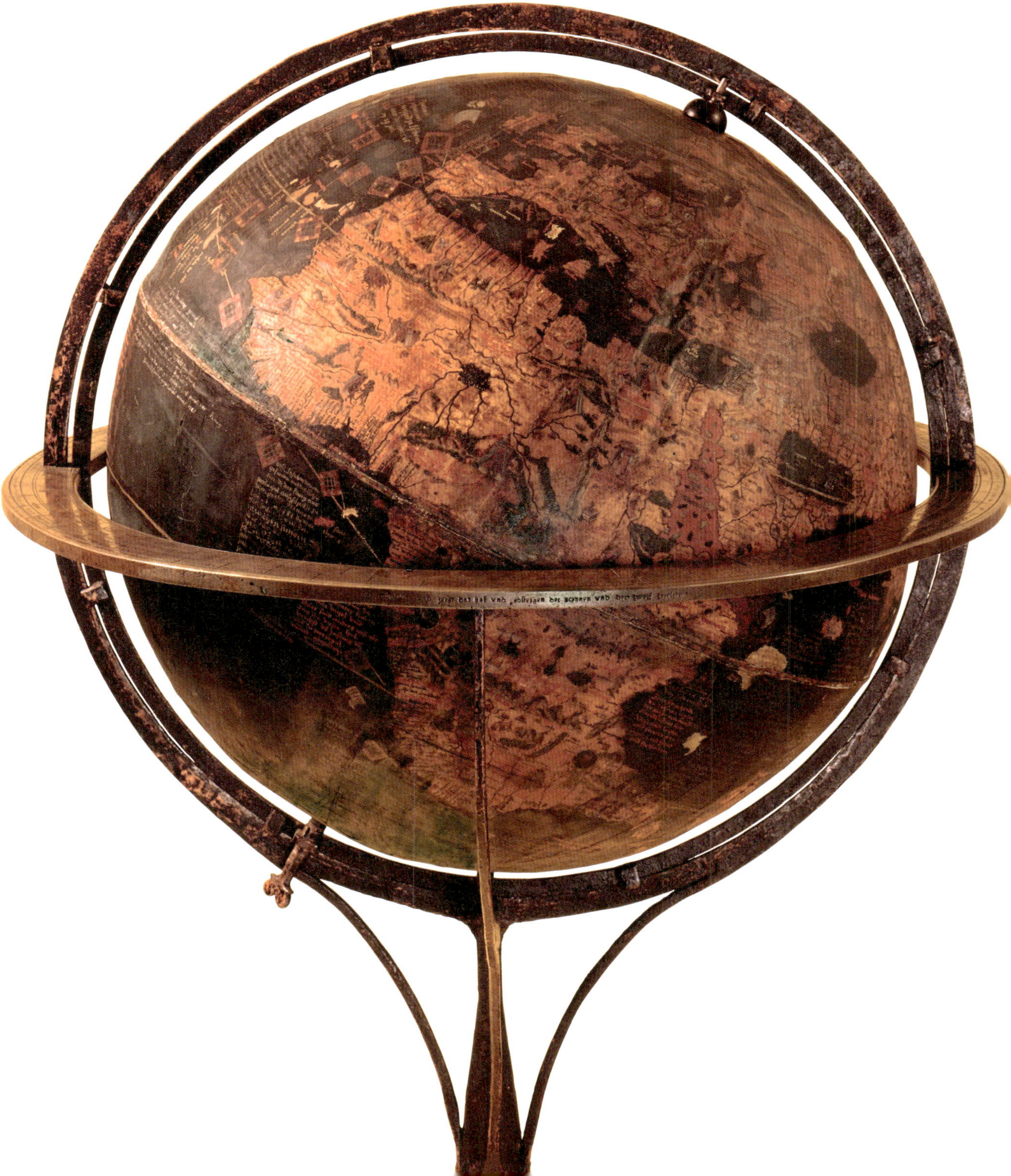

Chapter 4
World Visions

Erdapfel, Martin Behaim
マルティン・ベハイムの地球儀

　現存する最古の地球儀は、ドイツのマルティン・ベハイムが1492年に作ったもので、「エルト・アプフェル（大地のリンゴ）」の名で知られている。製作はアメリカ大陸がまだヨーロッパ人に発見されていなかった頃のことだ。

　ベハイムはプトレマイオスを踏襲しながらも、新たな発見をこの地球儀に盛り込んだ。地形を示すだけでなく、旅行記（マルコ・ポーロの『東方見聞録』など）や百科全書（セビリアのイシドルスの『語源論』など）にもとづく情報を細かく書き込んでいる。

　注釈や挿絵を通して、土地や住人、実際と伝説上の獣、迷信や伝説、天然資源などが描かれる。ヨーロッパとアジアの間には海が広がるのみで、日本への距離はわずか2400キロと見積もっている。

［1492年］

Ostrich-egg Globe
ダチョウの卵の地球儀

　「新世界」（大航海時代以降にヨーロッパ人が発見した場所、主にアメリカ）が描かれた現存する最古の地球儀は、1504年に作られたダチョウの卵の地球儀である。2個の卵の下半分を組み合わせたもので、1504年から1506年の間に作られたハント－レノックスの地球儀（米国ニューヨーク公共図書館が所蔵する銅合金製地球儀）のモデルになったとされる。

　「ドラゴン出没注意」というラテン語の注釈が初めて記された地図としても有名だ。南米大陸を「新世界」と記して大きく描く一方、北米大陸の場所には二つの小島を置くのみである。

［1504年］

143

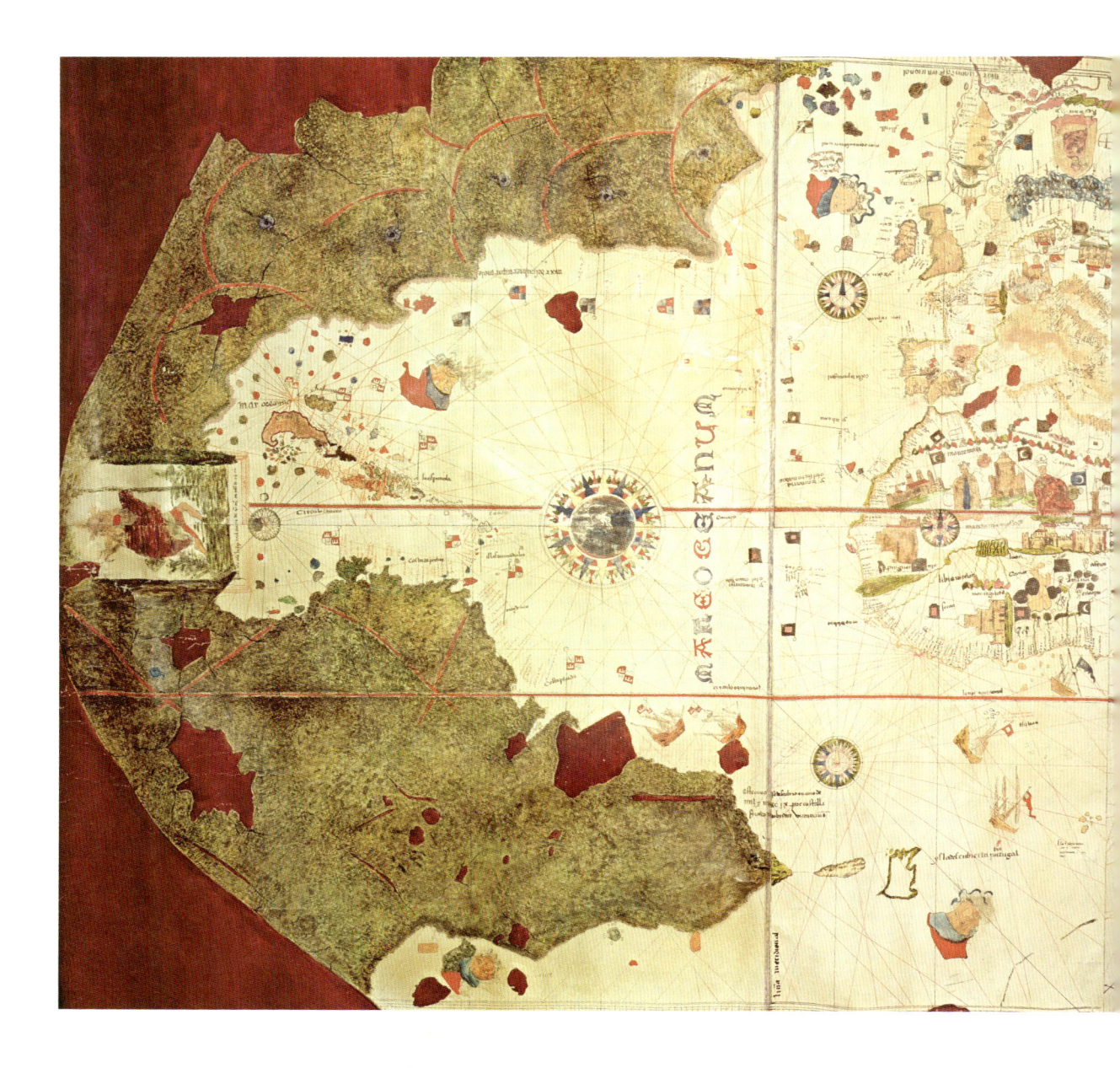

フアン・デ・ラ・コーサによる世界地図

　アメリカ大陸の沿岸を描いた現存する地図としては最も古い。コロンブスの航海に参加したフアン・デ・ラ・コーサによって作られた。手描きの原図は模写もされず刊行もされなかったため、ほかの地図に影響を与えることはなかった。旧世界の地図と新世界の地図をつなぎ合わせたもので、コーサが作製したのは後者のみと考えられている。

　これは探検航海で発見したアメリカ大陸沿岸部

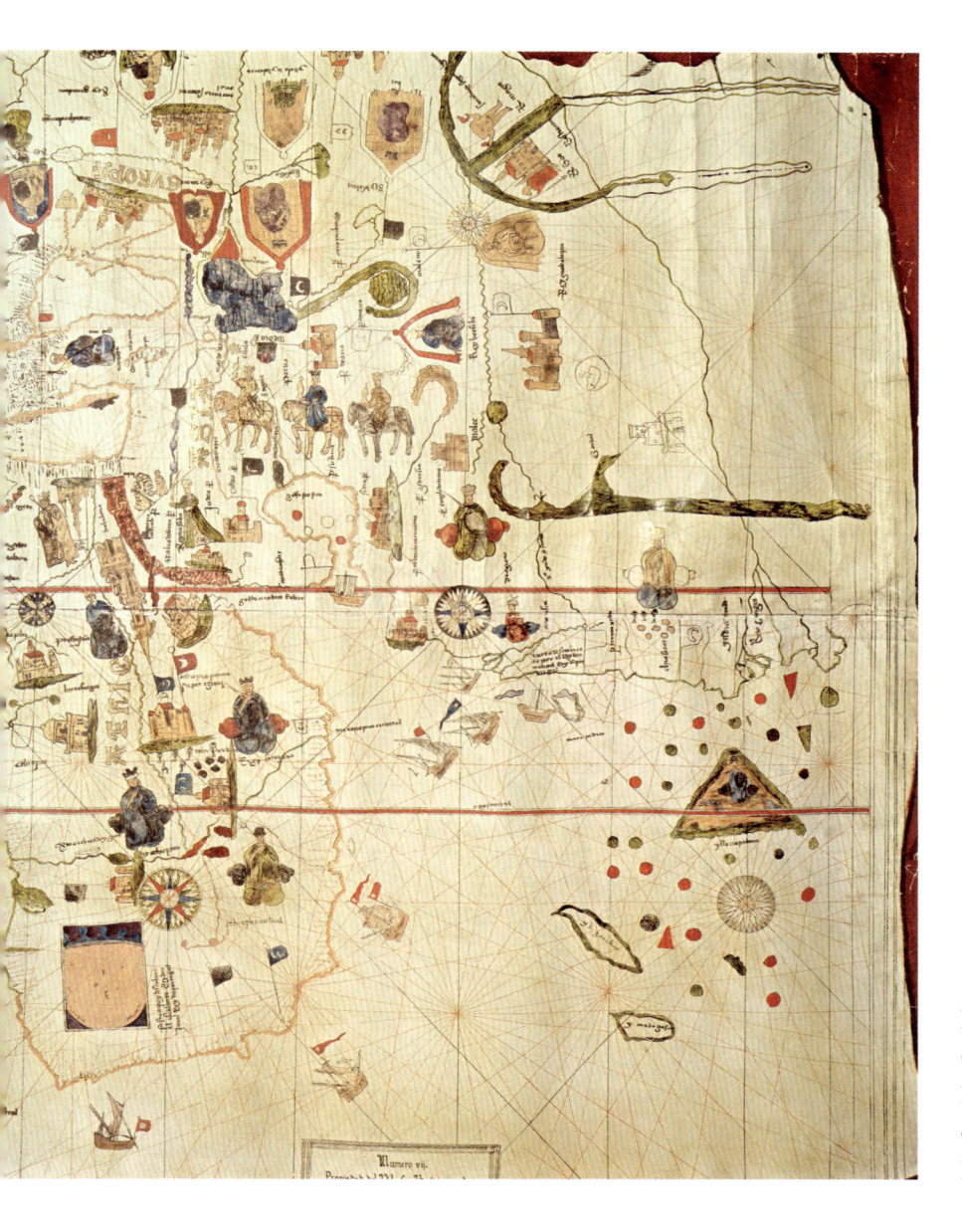

Chapter 4
World Visions

Map of the
Old and
New World,
Juan
De La Cosa

を示すポルトラノ海図で、新世界の縮尺は旧世界のものよりも大きい。このため、アイルランド（旧世界）とニューファンドランド島（新世界）が不自然に近接するなど、両世界の位置関係がちぐはぐなものになっている。地図のつなぎ目は、アゾレス諸島を通る経線だ。新世界の沿岸部は、北米大陸を上に、中央で大きく湾曲して南米大陸へと続いていく。ヒスパニオラ島の名も見える。　　　　［1500年］

145

World Map, Juan Vespucci

フアン・ベスプッチ による世界地図

　この手描きの地図は、探検家アメリゴ・ベスプッチの甥であるフアン・ベスプッチが1503年に作ったものだ。スペインのセビリアに保管されている「パドロン・レアル」（後のパドロン・ヘネラル）の下絵、もしくはその模写とされている。パドロン・レアルとは、あらゆる地理上の発見を記録した政府公認の原図のことを指す言葉だ。

　自らも新世界を航海したフアン・ベスプッチは、確証の持てる場所や事物だけを地図に記している。そのためか、未知の内陸部は空白のままで、アジアも知られていない地域はまったく描いていない。それ以前の地図によくある想像上の海岸線を描く手間は不要だったともいえる。　　　　［1503年］

146

Chapter 4
World Visions

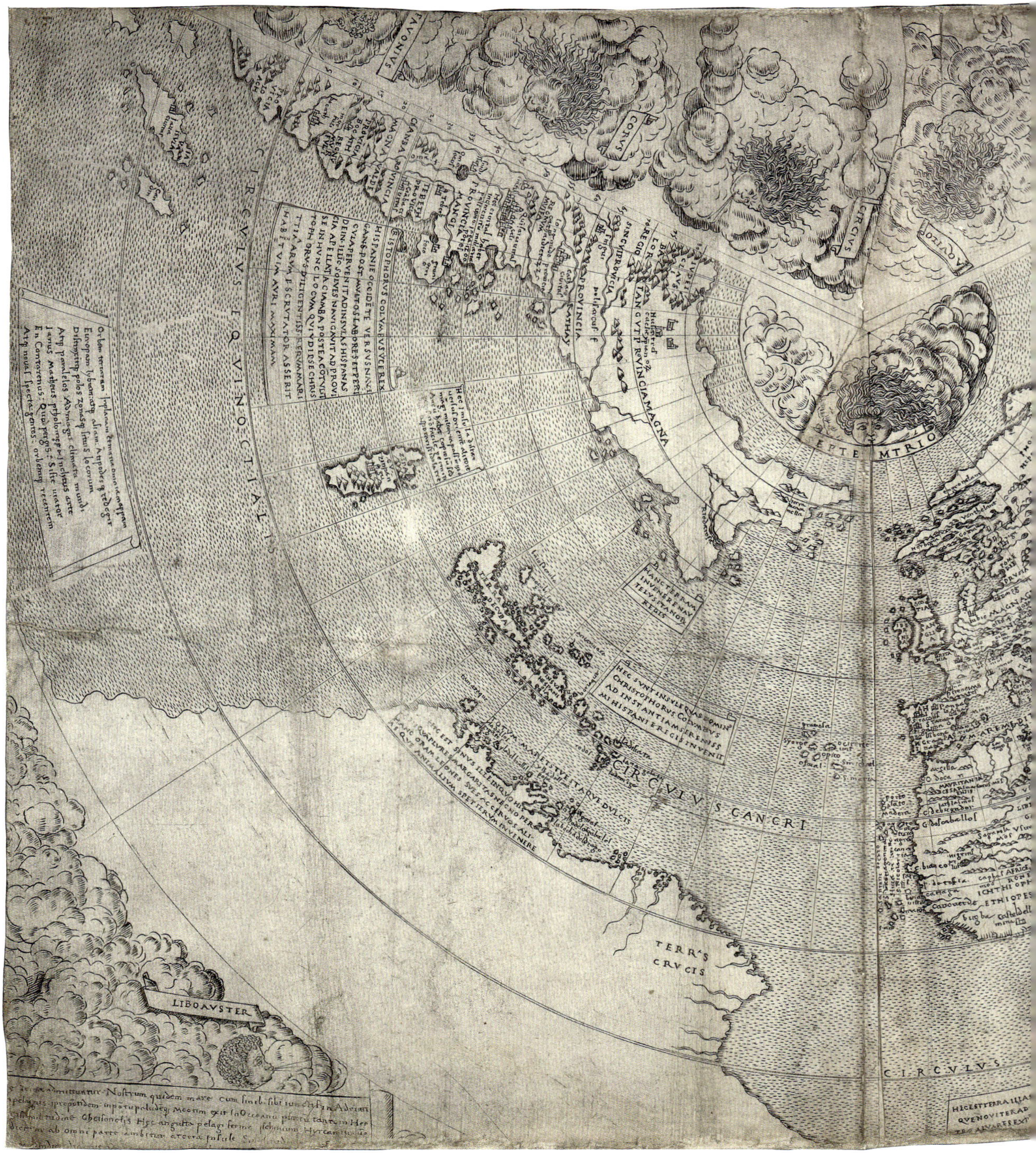
CIRCVLVS CANCRI
LIBOAVSTER
CIRCVLVS

Chapter 4
World Visions

Contarini-Rosselli Map

コンタリーニとロッセッリによる地図

　新世界を記した最初の刊行地図は、イタリア人のジョバンニ・コンタリーニとフランチェスコ・ロッセッリによって作られた。新たに発見した土地をアジアの一部と信じるコロンブスらの考えが反映されている。円錐図法で描かれ、地図を丸めるとアジアの陸塊（右上）とアジアの沿岸部（左上）がひとつながりになる。

　ヨーロッパとアジアの間には小さな島々が描かれるのみで、北米大陸は見当たらない。南米大陸（左下）は独立した大きな陸塊で南西方向へ広がっている。これは未知の大陸（テラ・インコグニタ）があることをほのめかしている。

　キューバ島とヒスパニオラ島（現在のハイチとドミニカ。図の左中央）は、日本のすぐそばに置かれている。島々の上にあるべき海岸線が描かれていないということは、1497年にスペインの支援でアメリカ大陸沿岸を航海したベスプッチの探検を、作者は知らなかったようだ。スペインとポルトガルが覇権を争い、地理上の発見が国家機密として扱われることが多かったこの時期、ありがちな話といえる。

［1506年］

マルティン・バルトゼーミュラーによる世界地図

　1507年に出版されたマルティン・バルトゼーミュラーの世界地図は、プトレマイオスの地図をもとにして、ベスプッチら航海士による新たな発見や当時の測量機器などを書き込んだものだ。

　地図の上方には西半球と東半球が示され、西半球の横には四分儀を持つプトレマイオスが、東半球の横にはコンパスを手にしたアメリゴ・ベスプッチが描かれている。プトレマイオス以来の伝統を継承しつつ、新発見を取り込んだことを高らかに宣言しているのだ。「アメリカ」の名が初めて登場し

World Map, Martin Waldseemüller

たのもこの地図である。

またこの地図には、当時ヨーロッパの航海士には知られていなかった太平洋が描かれている。バルトゼーミュラーは、新世界は従来知られているアジアとはつながっておらず、両大陸の間には海があるはずだと考えていたようだ。

これは12枚の木版画をつなぎ合わせた壁掛け用の地図として発売され、ゴア（紡錘形の紙）からなる地球儀用の世界地図も付属していた。

［1507年］

World Map, Battista Agnese

バティスタ・アニェーゼによる世界地図

　神聖ローマ皇帝カール5世が息子（後のフェリペ2世）への贈り物として1542年頃に作らせた世界地図帳の、最初に収められているのがこの地図である。製作者はバティスタ・アニェーゼ。

　後の時代でも島として描かれることの多かったカリフォルニアをきちんと半島として描いている。黒い線は1519年から1522年にかけてのマゼランの世界周航ルートで、金色の線はスペインからパナマ地峡を経由してペルーへ至るルートを示す。ペルーは当時、スペインの繁栄を支える黄金の供給地だった。

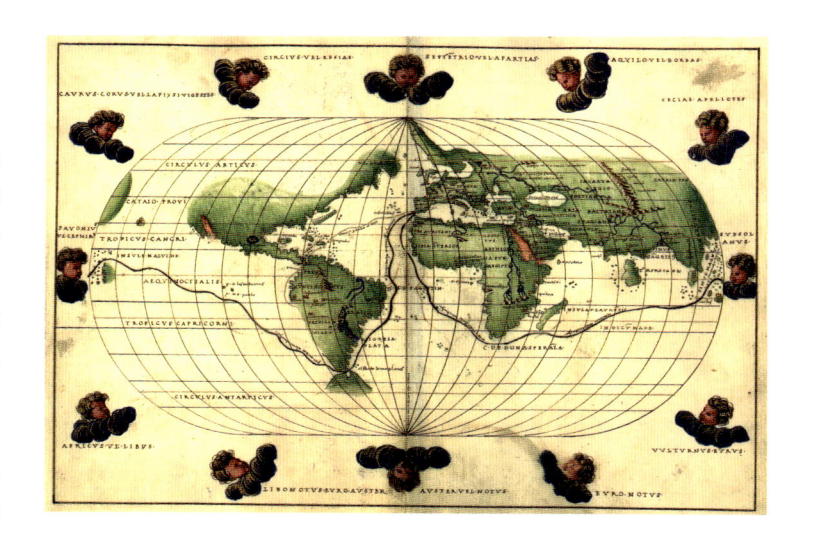

［1542年頃］

ピリ・レイスによる南米大陸図

　1513年にオスマントルコの海軍提督、ピリ・レイスが作製したポルトラノ海図の一部だ。左に南米大陸の沿岸部とカリブ海の島々、右にアフリカ北部とスペインが示されている。20点ほどの地図を参考に描いたと伝えられている。その中にはクリストファー・コロンブスの地図も含まれていたというが、発見されていない。ピリ・レイスはポルトラノ海図帳の編纂でも知られている。

　この地図が注目を集めたのは、当時知られていなかったはずの南極大陸が描かれているとの指摘がなされてからだ。海岸線が弧を描くように下方へ折れ曲がり、南極大陸らしきものへと続いている。アルゼンチンと南極の間にあるはずの海は見当たらない。北半球の陸地と釣り合うだけの巨大な陸塊が南半球にもあるというプトレマイオスの仮説に従ったのだろう。

　この図については、ヨーロッパ人より前に中国の探検家が訪れて地図に描いたとか、南極が氷に覆われる3400万年以上前（つまり人類が現れるずっと前）の失われた超古代文明の地図の模写だとか、はたまた宇宙人によって描かれたといった奇想天外な主張もなされている。

［1513年］

**Chapter 4
World Visions**

South America,
Piri Reis

153

Typus Orbis Terrarum, Abraham Ortelius

アブラハム・オルテリウスによる世界地図

　8枚組の壁掛け用のこの地図は、1564年にアブラハム・オルテリウスが製作したもので、下方に広大な「テラ・アウストラリス・インコグニタ」が描かれている。北半球の陸地と釣り合うとされた「未知の南方大陸」のことで、ここではフエゴ島とつながっている。この大陸を探し求める探検が、16世紀から17世紀初頭にかけて盛んに行われた。

　南極大陸を最初に発見したのは誰だろうか。1603年に南緯64度以南で雪山を見たという、ガブリエル・デ・カスティーリャがその人だったかもしれない。　　　　　　　　　　［1564年］

Chapter 4
World Visions

RBIS TERRARVM.

...TRALIS NONDVM COGNITA.

...AGNVM IN REBVS HVMANIS, CVI AETERNITAS
...VNDI NOTA SIT MAGNITVDO. CICERO:

155

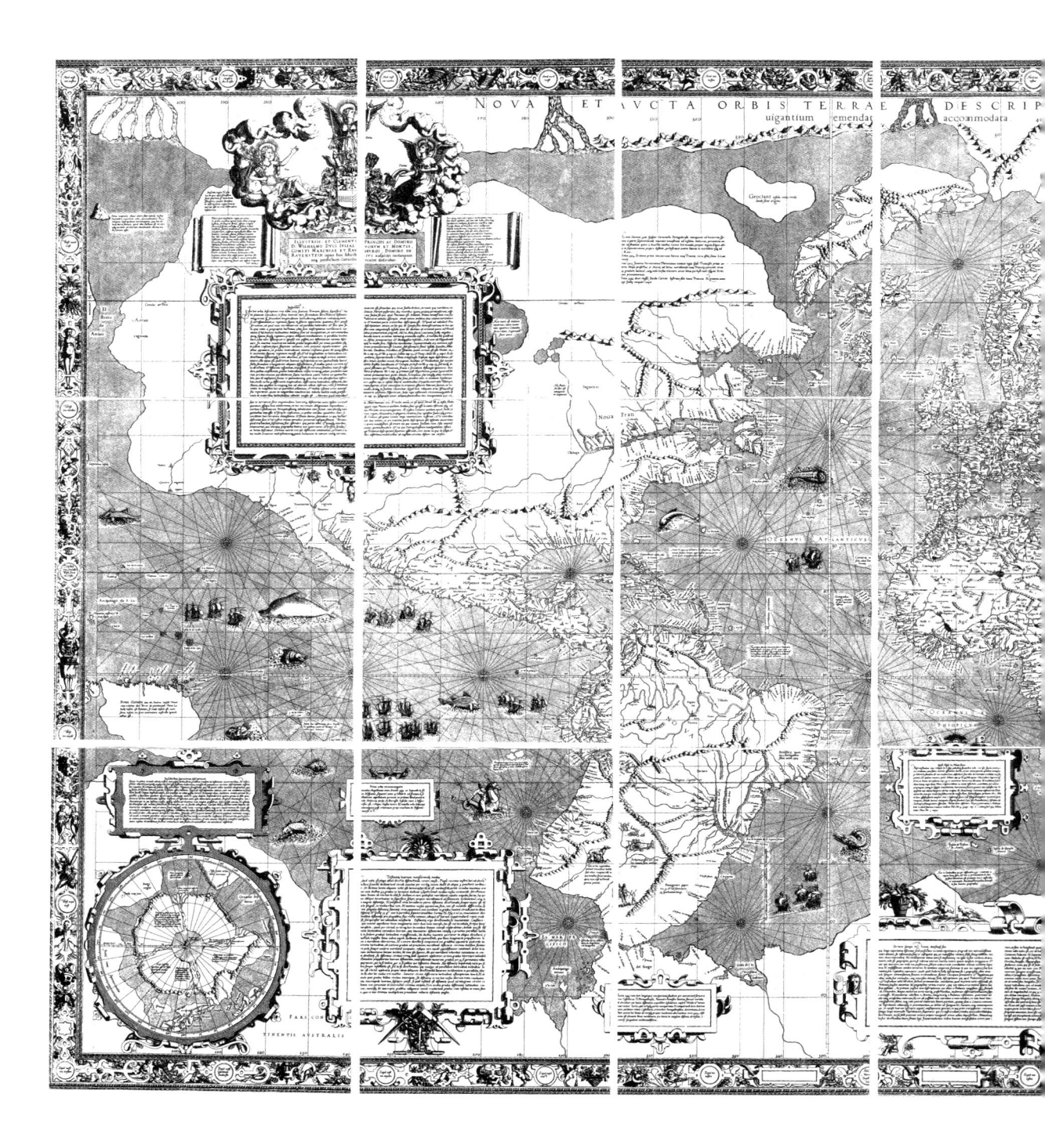

NOVA ET AVCTA ORBIS TERRAE DESCRIP

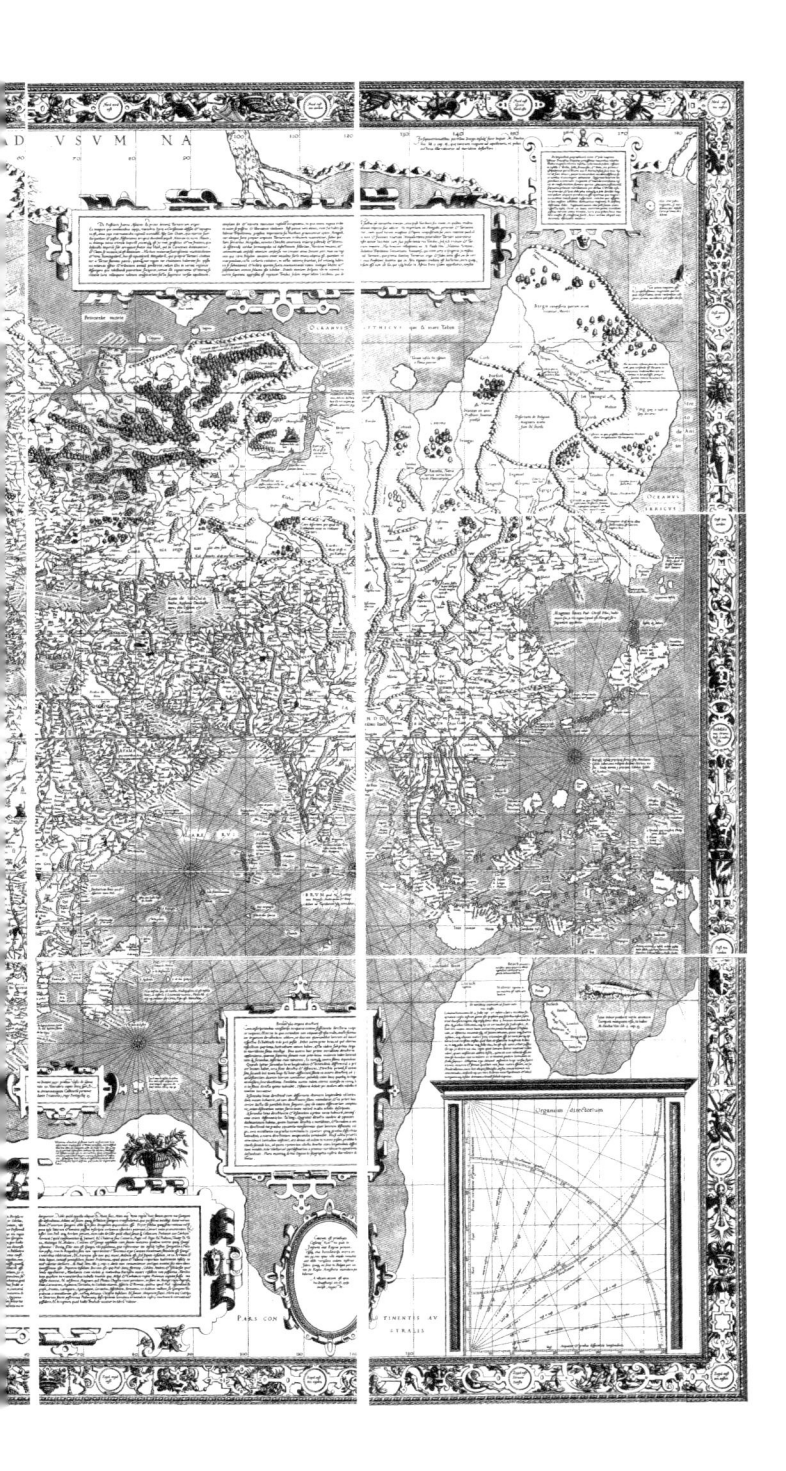

Chapter 4
World Visions

World Map, Gerardus Mercator

ゲラルドゥス・メルカトルによる世界地図

　1569年刊行のゲラルドゥス・メルカトルの地図は、地球を平面で表現するための新たな投影法を用いた点で画期的だ。メルカトルは、特に航海に役立てることを目的にこの投影法を編み出した。地図は長方形で経緯線が直角に交わるように引かれている。緯度によって縮尺を変えることで、すべての地点で緯度と経度が直角に交差する（どの地点もごく狭い範囲なら形が正しくなる）。だが、赤道から離れるにつれて拡大率が無限に大きくなってしまう難点があり、この投影法では極地周辺を正確に描くことができない。

　このために、陸地面積のひずみも大きくなってしまう。普段よく目にする地図でも、グリーンランドとアフリカがほぼ同じ大きさで描かれているのがわかるだろう。実際には、グリーンランドの面積はアフリカの14分の1にすぎない。理想的な海図として登場したものの、当初は実用に至らなかった。この投影法に必要な数学理論を盛り込んだ測量機器が、航海士の手に入らなかったからだ。そうした機器の普及は、約200年後の18世紀中頃まで待たねばならなかった。　　　　　［1569年］

157

Calicut, India, Civitates Orbis Terrarum

『世界都市図帳』よりインド、コルカタの図

　1572年から1619年にかけて刊行された『世界都市図帳（全6巻）』(P.74-75)は、ゲオルク・ブラウンとフランス・ホーヘンベルフによる史上初の都市の地図帳だ。

　世界の諸都市が、546点もの景観図や鳥瞰図や市街図で描き出されている。製作にかかわった画家や彫版師は総勢100名余り。それぞれの図の作り手は様々で、過去の作品を必要に応じて描き直したものもあり、全体に様式の統一性はない。

［1572年］

Clover Leaf Map, Heinrich Bünting
ハインリヒ・ビュンティングによるクローバー型地図

　クローバー型のこの木版地図は、図式的な地図の代表例だ。1581年に刊行されたハインリヒ・ビュンティングの著書『聖書の旅』に収められている。この本は、聖書の重要な登場人物たちの旅路を地図で表しながら、聖地を解説したものである。

　マッパ・ムンディ(P.121)の慣例に従って中央にエルサレムを置くが、上にヨーロッパとアジア、下にアフリカを描いており、TO図(P.123)とは3地域の構図が異なる。三つ葉のクローバーは、父なる神、子なるキリスト、聖霊からなる三位一体を表しているのだろう。

　それぞれの葉(大陸)には、都市名や国名が絵とともに記されている。そこに収まらない国は三つ葉の外に描かれており、イングランドとデンマークはヨーロッパの沖合(上端)に、アメリカ大陸は左下にそっと顔をのぞかせている。　　　[1581年]

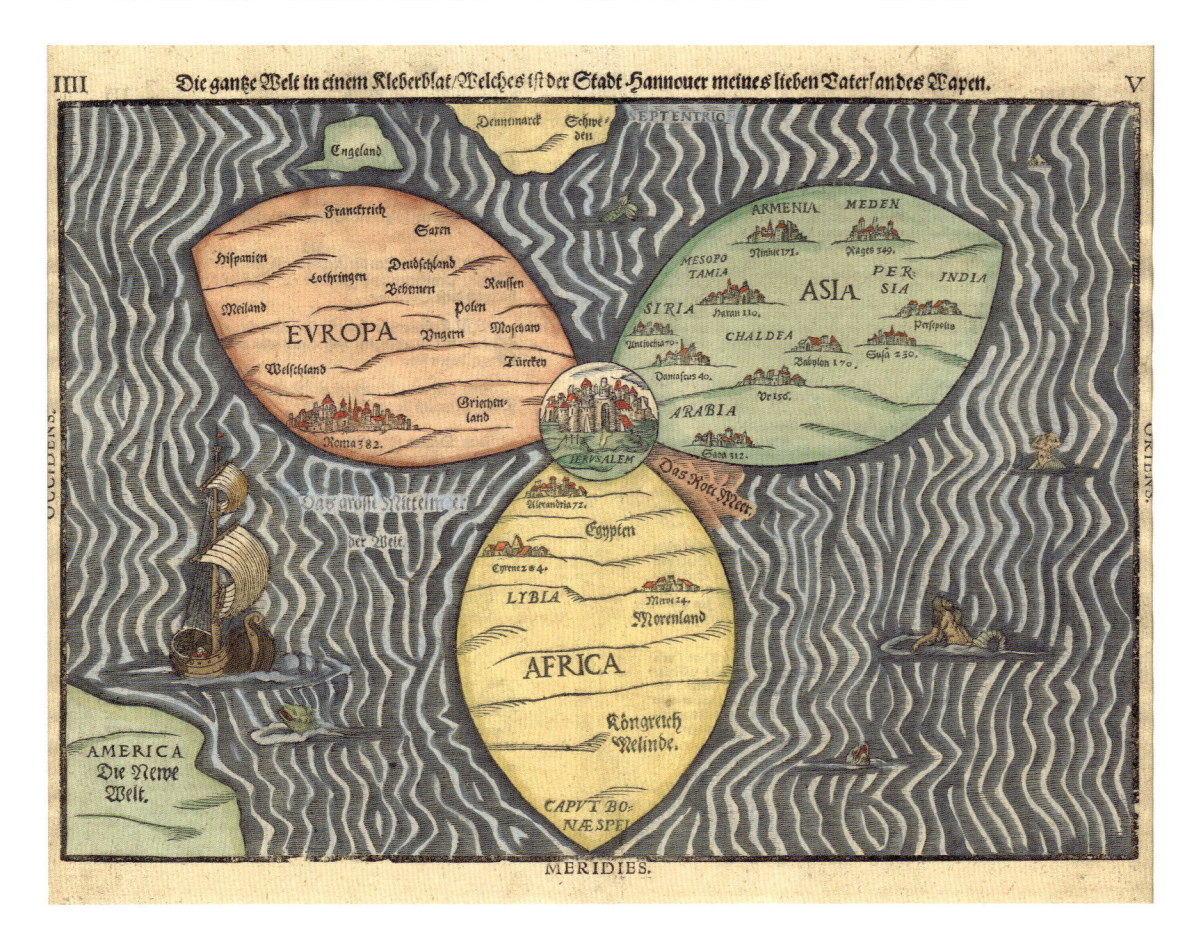

Atlas Major, Joan Blaeu

ヨアン・ブラウによる『大地図帳』

　ヨアン・ブラウは17世紀を代表する地図製作者の一人だ。彼が1662年から1667年にかけて刊行した『大地図帳』はきわめて野心的な取り組みで、17世紀に一大ブームとなった地図集製作の中でもひときわ高い頂きをなす。初版は11巻、4608ページからなり、594点の地図が収められている。

　ブラウはオランダ東インド会社の公認地図製作者で、会社が持っていた情報を好きなだけ利用できた。こうして作られたのが、世紀の大地図集といわれる『大地図帳』だ。3部作の第一弾として売り出されたが、残りの2部は実現せずに終わった。

　北米大陸の海岸線はおおむね描かれているが、北西端の踏査されていない沿岸部は空白になっている。オーストラリアは部分的に描き、カリフォルニアは独立した島とし、ロシア東部と北米大陸の間には広大な空間を置いている。当時その存在が推測の域を出なかった南極大陸は記されていない。

［1662〜1667年］

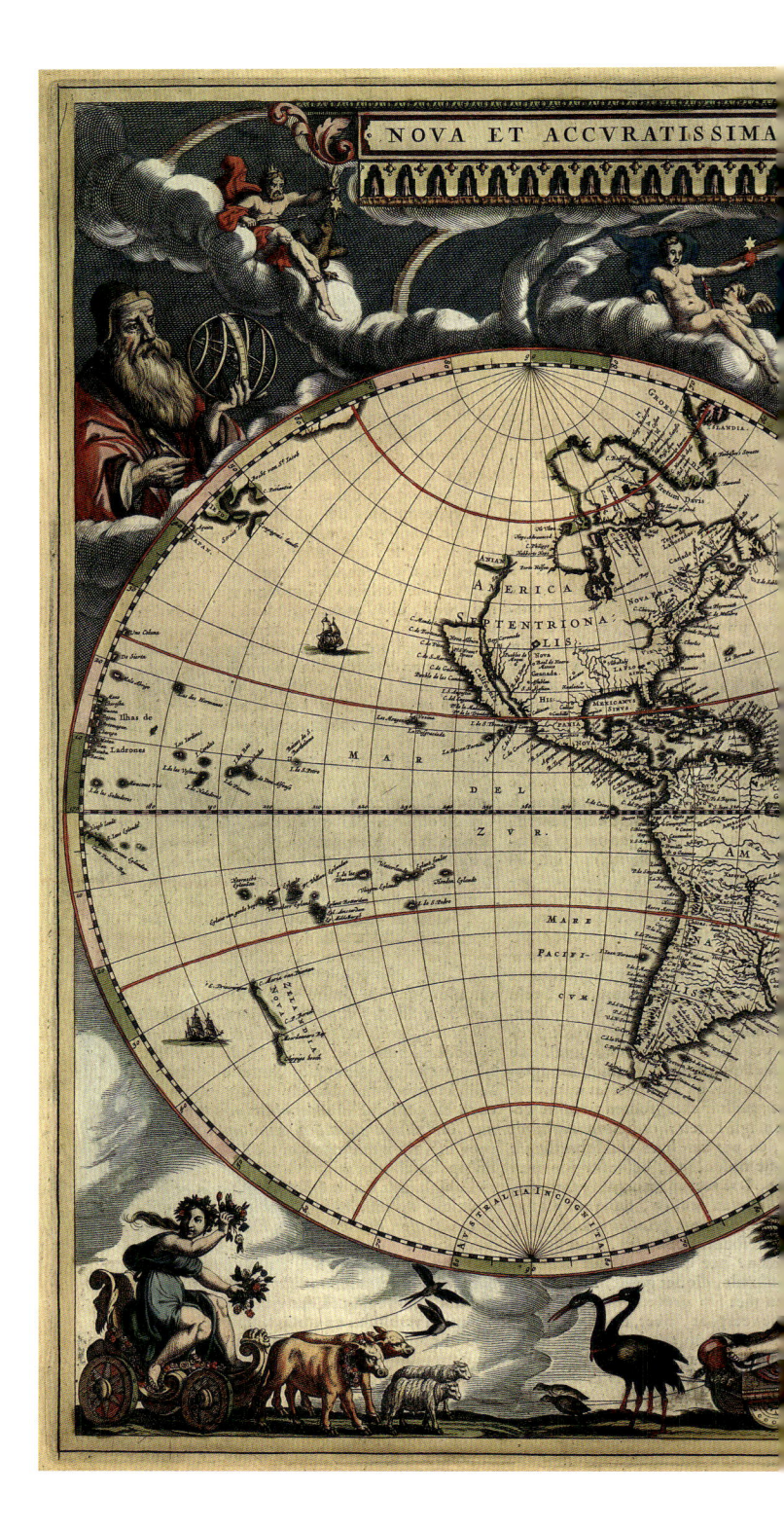

Chapter 4
World Visions

…TIVS TERRARVM ORBIS TABVLA.

All Under Heaven Map

天下図

　天下図は、17世紀から19世紀にかけて朝鮮半島で作られた伝統様式の地図だ。中国を世界の中心に据え、日本、朝鮮、琉球を配置し、その周囲を、いくつもの島を擁する海が取り囲んでいる。この海は陸地に囲まれ、陸地の外側にはさらに環海が描かれている。

　島の名前には、道教の流れをくむ神仙思想の影響が見て取れる。中心から遠ざかるにつれて伝承の色合いが濃くなり、現実から離れて描写が不正確になっている。中央にある陸地には黄河や長江やメコン川も見える。　　　　　［17〜19世紀］

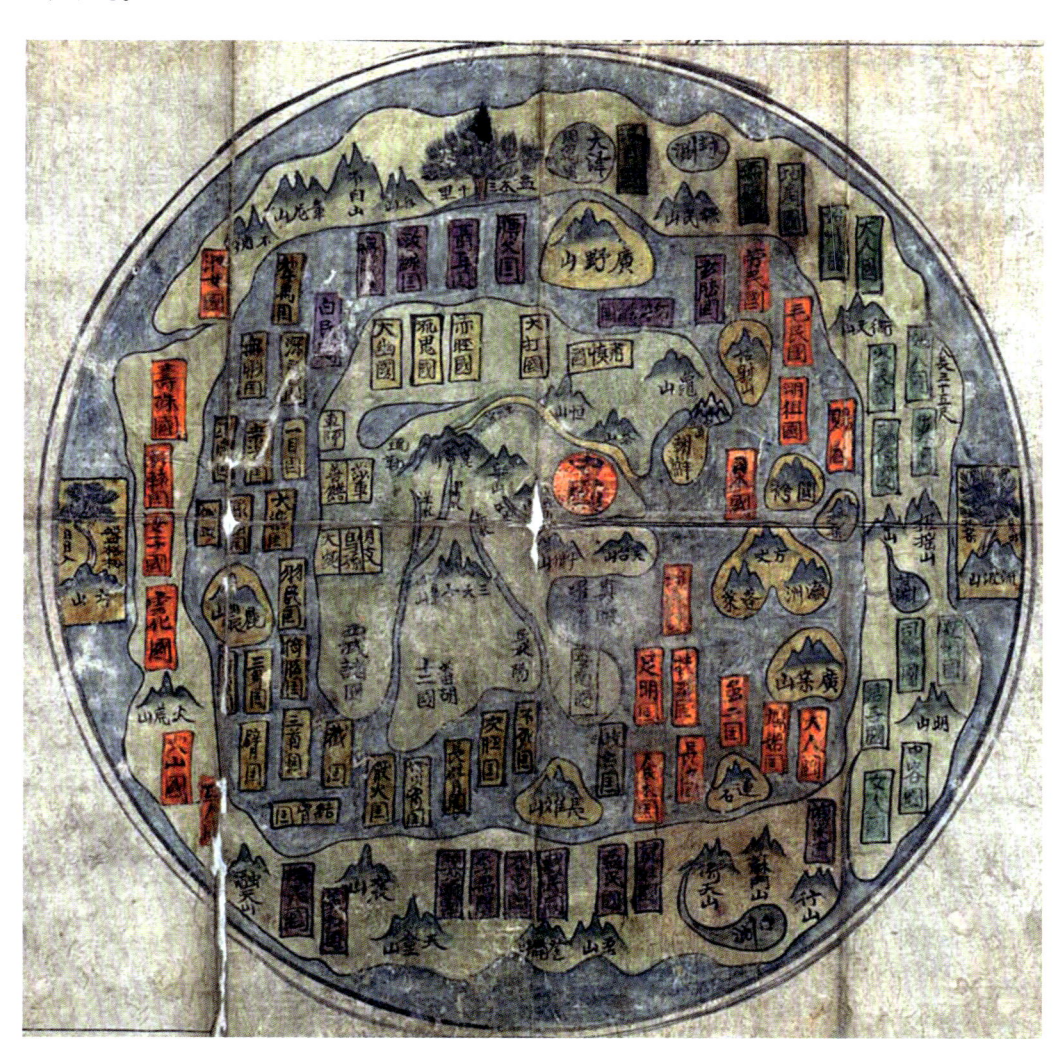

Chapter 4
World Visions

The Eastern Hemisphere

東半球図

　1790年頃に中国で作られたこの東半球図は、中国沿岸部を主に記した巻物の冒頭に描かれている。ヨーロッパの地図製作の伝統にのっとって描かれてはいるものの、経緯線は用いず、中国式の24方位を外側の円周上に記している。東洋と西洋の要素を融合したこの地図は、実際の航海には向かなかっただろう。　　　　　　　　［1790年頃］

163

International
Map of the World

国際図

　国際図は、1913年に始まった国際的な地図製作プロジェクトによるもので、各国が統一基準で自国領土の地図を作ることになっていた。縮尺が100万分の1だったため、「100万分の1国際図」とも呼ばれる。道路は赤い線、鉄道は黒い線、等高線は一定の高度間隔（メートル表示）で表される。

　2500点ほどの地図で全世界を網羅するという、実に壮大な計画だった。34カ国が賛同して地図製作に乗り出すも、第一次世界大戦で事業は中断してしまう。英国とフランスは、1920年代半ばまでに自国領土の40パーセントを地図化したが、その地図は植民地支配のために利用されることになった。　　　　　　　　　［1913年～1980年代］

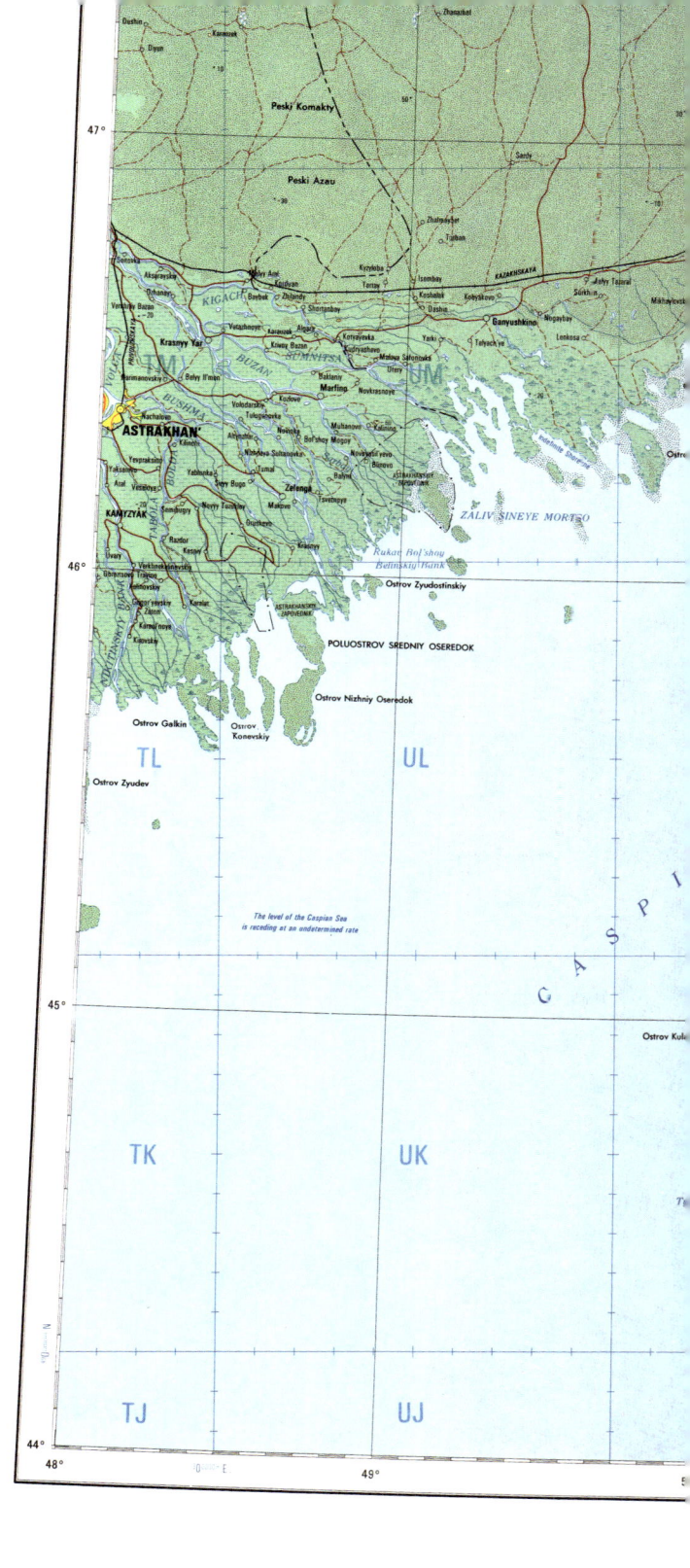

4-79 PRINTED BY THE DEFENSE MAPPING AGENCY HYDROGRAPHIC/TOPOGRAPHIC CENTER

SCALE 1:1,000,000

166

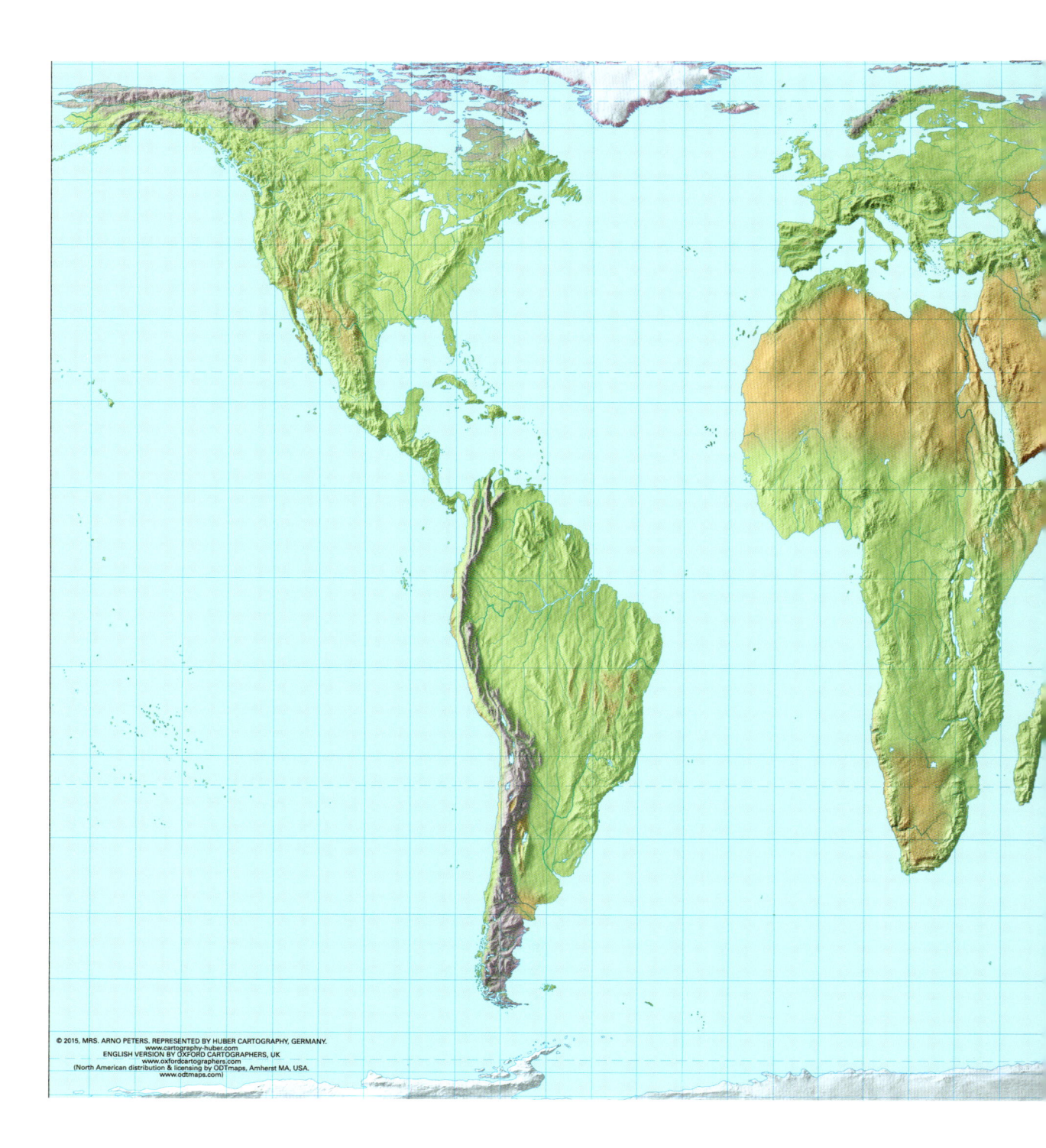

Gall-Peters Projection
ゴール - ペータース図法

　メルカトル図法は1569年に考案されて以来広く使われてきたが、陸地の大きさを正しく表せない難点を抱えていた。これは政治的にも問題で、北半球の国々が、アフリカ大陸に比べて実際よりずっと大きく見えてしまうのだ。

　こうした状況に一石を投じ、まったく異なる世界像を人々に突きつけたのが、スコットランドの天文学者ジェームズ・ゴールである。陸地の面積を正しく表示でき、その大きさを比べるのに最適な投影法を1855年に考案したのだ。

　さらに、1974年には、ドイツのアルノ・ペータースがゴールの方法を発展させ新たな投影法を提示する。これが、やがてゴール-ペータース図法と呼ばれるようになった。この図法は広く支持を集めることになり、ユニセフ（国際連合児童基金）といった主要国際組織も採用している。　　[現代]

Google Earth

グーグルアース

「グーグルアース」は、2005年に米国のグーグル社が開始した双方向の地図閲覧ウェブサービスだ。地球の全表面を網羅しており、世界のある地点にズームインすれば、そこにある建物や地形を眺めることができる。

画像は衛星写真からなり、米国の画像は頻繁に更新されるが、それ以外の国では2004年に集められた情報がもとになっている。上空からの平面図

168

Chapter 4
World Visions

として眺めたり、斜めから立体的に見たりできる。標準的な解像度は15メートルだ。

　その後ストリートビュー機能がグーグルアースに統合され、あたかも道路を歩きながら周囲を見るような体験が可能になった。グーグルアースには、様々なデータを積み重ねられるレイヤー機能も備わっている。ここで示した一連の画像は、イタリアのベネチアにズームインしたものだ。［現代］

169

The Story of Maps Chapter

5

Theme & Use

主題図の登場

地図には、地域の特性にテーマを絞ったものや、
特別な目的で描かれるものがある。

　「主題図」と呼ばれるこの種の地図は、目的によってその形が変わる。たとえば、防衛や避難のための地図、地質や人口統計学的なデータなど場所・地域ごとの特性を表す地図、さらには統計データを視覚化した地図（カルトグラム）など、実に様々だ。こうした主題図がよく使われるようになり、いったん定着すると、一般的な用途の地図がもっと簡単に作れるようになる。道案内のための地図や地形の変遷図、また、土地の所有権を示す地図などがその例である。

　この章で取り上げる地図には、風刺地図（P.180-181）のように、読み手が地図の知識を持っている前提で描かれるものもある。誰もが世界地図を知っている現代では、こうした洗練された楽しみ方もできる。さらに言えば、宇宙から見た地球の映像を知っているわれわれはもはやその本来の姿を見誤ることはない。地図が持つ"歪み"から解放され、投影法の制約から自由になったのだ。

エドモンド・ハレーによる地磁気図

　この地図を描いたのは、ハレー彗星で有名な英国の天文学者、エドモンド・ハレーである。1701年に作られたこの図は、磁気偏角を示すもので「地磁気図」と呼ばれている。磁気偏角とは、地図上の北（真北）と方位磁針の北（磁北）のずれのことだ。地球を周航する際、羅針盤が必ずしも真北を指さないことは船乗りの間で広く知られていた。地球が巨大な磁石であるため、そのことは16世紀末に英国のウィリアム・ギルバートによって明らかにされている。

　ハレーは、磁気偏角を地図化すれば、経度測定についてのこの問題を解決できるかもしれないと考えた。その仮説は間違っていたのだが、この地図は今でも物理学者に利用されている。製作過程はわかっていないが、1698年以降の、軍艦パラモア号による2度の航海で集めた観測データを基にしているという。

［1701年］

Map of Magnetic Variation, Edmund Halley

Delineation of the Strata of England and Wales, William Smith

イングランドとウェールズおよび
スコットランドの一部の地層図

　初めて英国の地質図を作ったのは、同国の測量士ウィリアム・スミスである。

　スミスは、地層の持つ地質学的な組成からではなく、そこに含まれる化石の種類によって地層の年代を特定し、地球がいつ生まれたかを明らかにしようとしたのだ。西欧ではそれまで、聖書の記述に従って地球誕生は約6000年前とされていた。

［1815年］

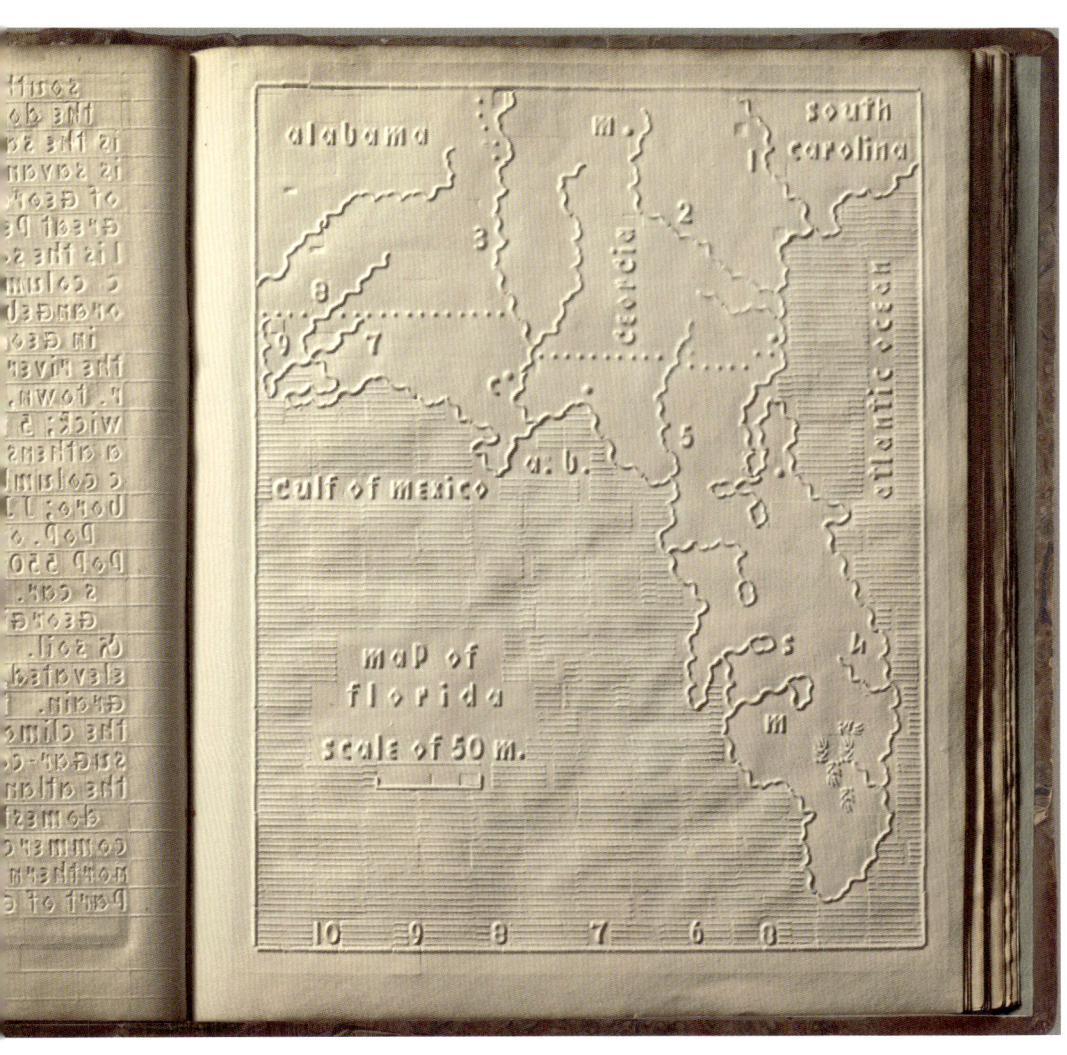

Atlas for the Blind, Samuel Howe

サミュエル・ハウによる盲人用地図帳

　1837年に作られたこの地図帳は、米国ボストンに設立されたニューイングランド盲学校校長、サミュエル・ハウが自らの生徒のために考案したものだ。米国の州別の地図24点と、地図ごとの解説が収められている。

　地図は厚紙に浮き出し文字で描かれ、塗りつぶし模様で水域を、短い線の集まりで山を表すなど、独自の決まりごとに従っている。解説文には、その12年ほど前に考案されたブライユ点字法ではなく、浮き出し文字を使っている。　　　［1837年］

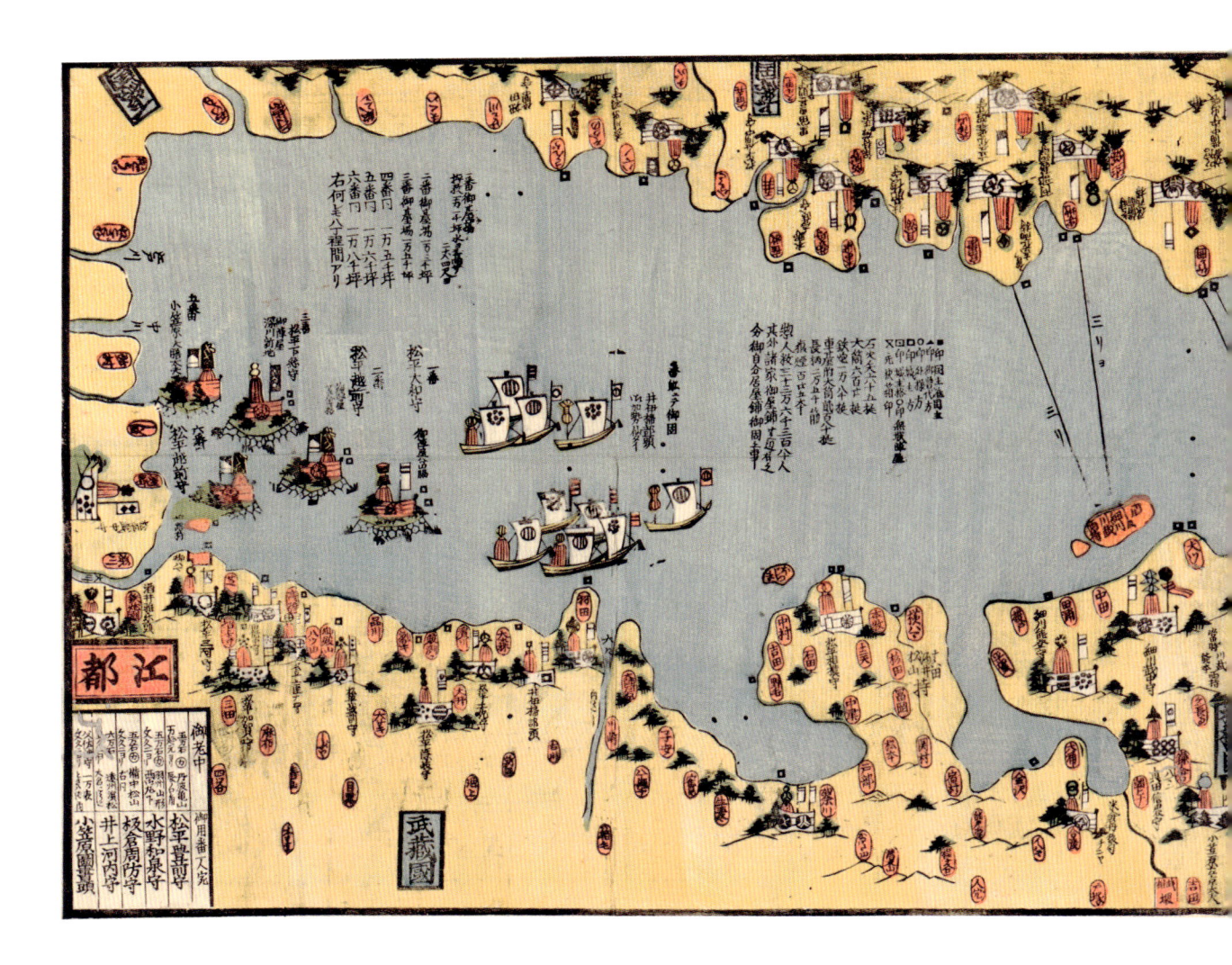

御固泰平鑑
おかためたいへいかがみ

　この地図は、現在の東京湾周辺の御固（沿岸防備）を目的として1860年頃に描かれた。きっかけは、1853年のマシュー・C・ペリー提督率いる黒船の来航である。ペリーは浦賀に入港、200年続く鎖国を解くよう幕府に迫った。表向きは通商を求める平和的なもので、幕府も当初抵抗を示さなかったが、沿岸警備の甘さに危機感を抱く。そこで用意されたのが、防衛体制を描いたこの地図だ。予期される脅威に備え、品川沖に11基の台場（海上砲台）を築造する予定だったが、結局5基（図の左端中央）

のみで終わっている。左下が北で、そこには「江都（江戸）」の文字も見える。木版刷りの地図で、縮尺は用いていない。　　　　　　　［1860年頃］

Okatame Map, Tokyo Bay

175

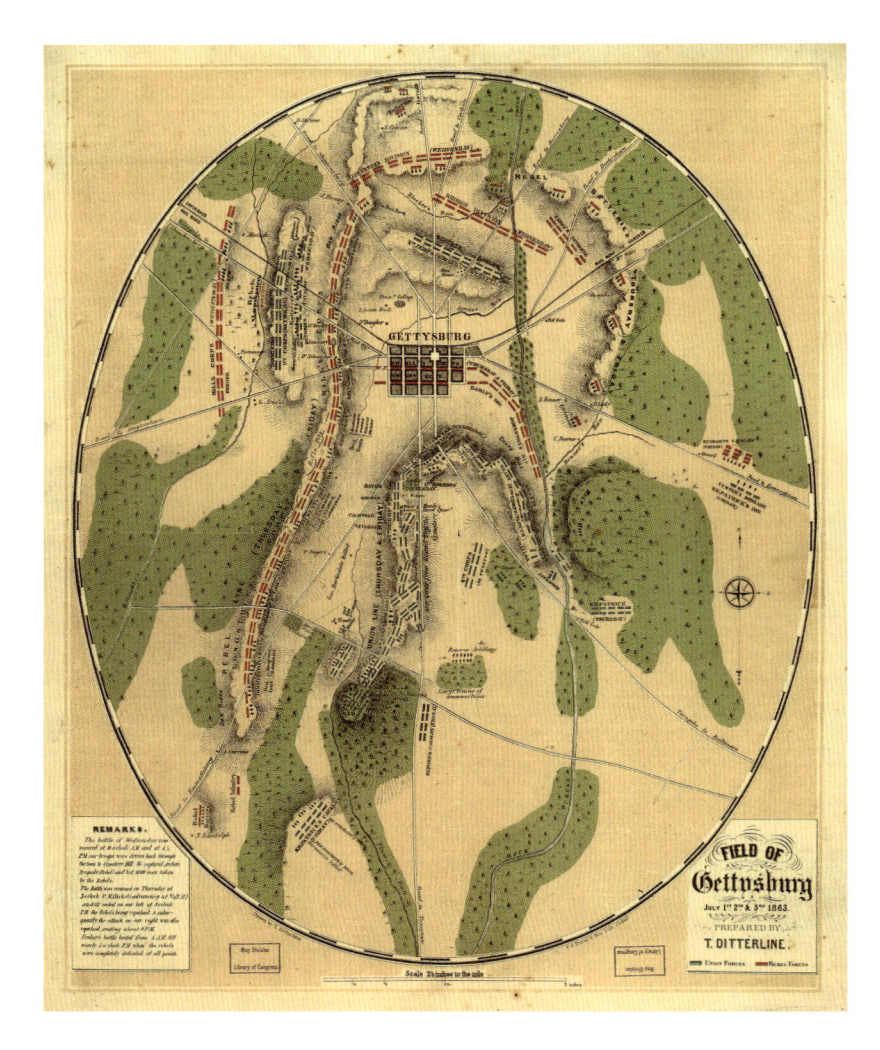

Gettysburg Battlefield, Theodore Ditterline
セオドア・ディターラインによる
ゲティスバーグ戦場図

　セオドア・ディターラインが1863年に製作したこの図には、米国の南北戦争最大の激戦地ゲティスバーグの戦場が上空からの視点で描かれている。ここには、歩兵隊、騎兵隊、砲兵隊の配置や動き、民家や居住者の名前、さらには戦いに重要な地形（傾斜地、道路、鉄道、木陰、水路など）も示される。土地の起伏は、等高線より歴史の古い「ケバ」を使って表現している。ケバは傾斜方向にびっしりと並べた短い線で、急傾斜では太く短い線を密に、緩やかな傾斜では細長い線をまばらに描く。視覚的に捉えるにはいいが、正確さが求められる図では等高線のほうが有用だ。　　　　　［1863年］

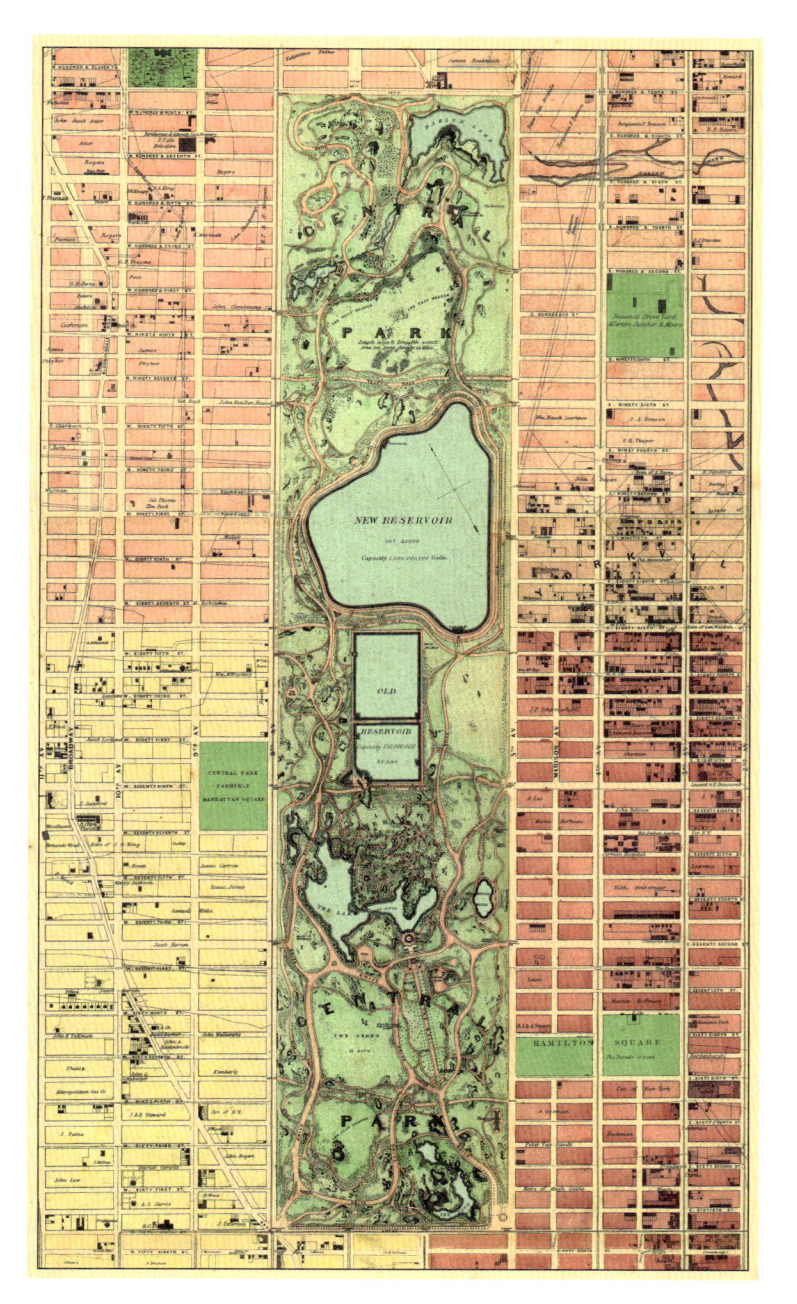

Central Park, New York, Matthew Dripps

マシュー・ドリップスによるセントラルパーク図

　米国ニューヨークのマンハッタン区にあるセントラルパークが描かれている地図だ。正式に開園する6年前の1867年に、マシュー・ドリップスが製作した。公園の建設や造園は1863年から最終段階に入ったため、この図はほぼ完成形に近い。自然のままで曲線の目立つ園内と、区画整理された周囲の街並みとが対照をなす。北東寄りを上にして、街路が水平・垂直方向になるように向きを調整している。　　　　　　　　　　［1867年］

177

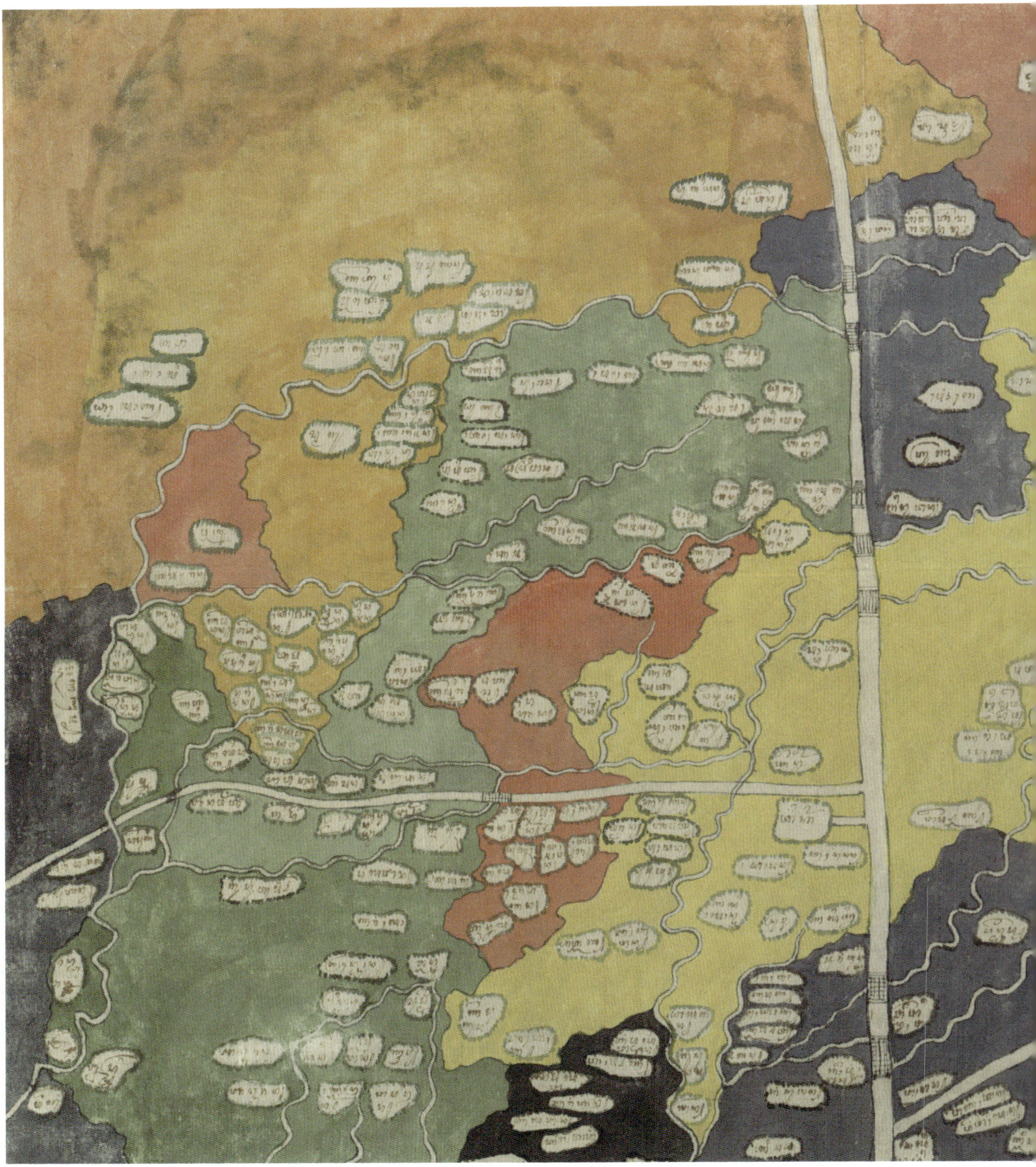

Chapter 5
Theme & Use

Java, Administrative Map

ジャワ島の行政地図

　ジャワ島中部の一地域を描いた19世紀中頃の地図で、おそらくはオランダ植民地政府のために作られたものだ。行政区画ごとに色分けされた集落から徴税する際に使われたのだろう。南が上で、右側の2つの大きな黒丸は、メルバブ火山（上）とテロモヨ火山である。山頂間の距離が約16キロであることから、だいたいの縮尺がつかめる。区画の色分けは地図の端まで続いていることから、つなぎ合わせて使うさらに大きな地図の一部の可能性がある。　　　　　　　　　　　［19世紀中頃］

179

Serio-Comic
War Map,
Fred Rose

フレッド・ローズによる風刺地図

　タコが主役の風刺地図が登場するのは19世紀後半のことだ。悪者のタコは、有害なイデオロギーだったり攻撃的な外国勢力だったりと様々な変種があり、周囲に触手を伸ばしていく様子が描かれる。タコにあてられるのは、領土拡大を狙う国、腹黒い地主、権力をふるう独裁者などで、珍しいものでは強欲な地方議会がタコになる例もある。ここではロシア帝国がタコで、周辺諸国に触手を伸ばし、オスマントルコやペルシャやポーランドはすでにその手中に落ちている。　　　［1877年］

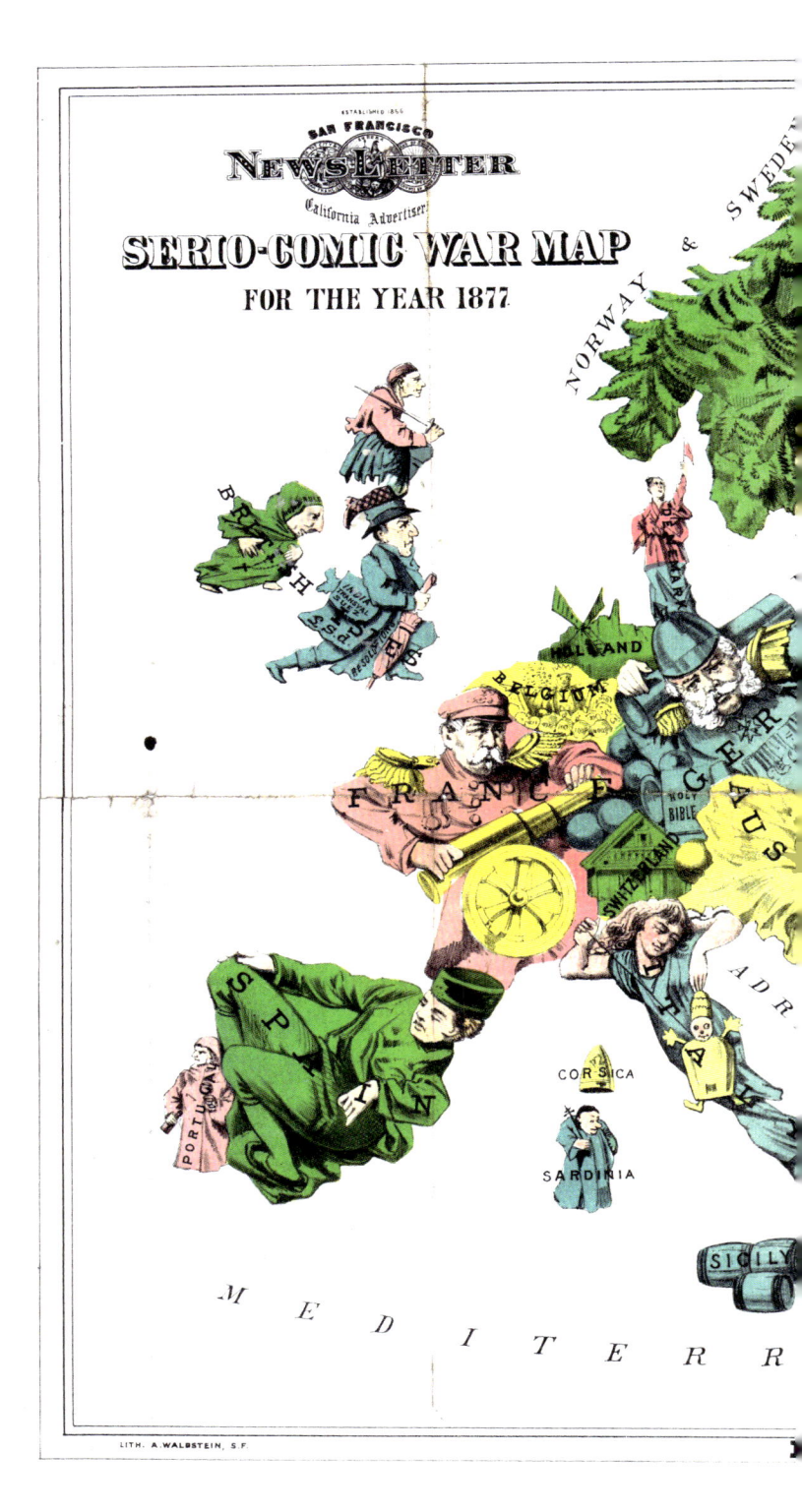

Chapter 5
Theme & Use

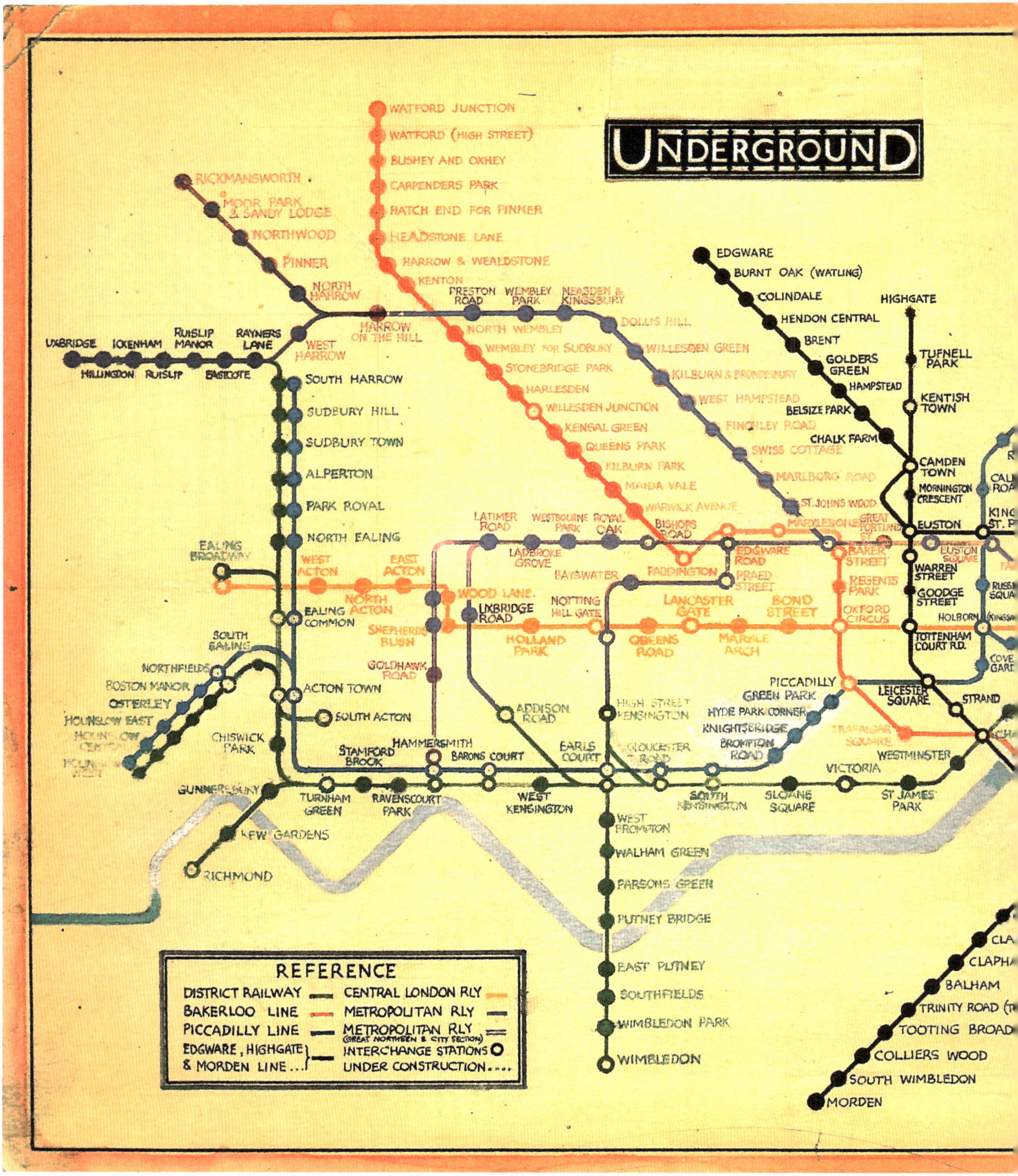
UNDERGROUND
WATFORD JUNCTION
WATFORD (HIGH STREET)
BUSHEY AND OXHEY
CARPENDERS PARK
HATCH END FOR PINNER
HEADSTONE LANE
HARROW & WEALDSTONE
KENTON
RICKMANSWORTH
MOOR PARK & SANDY LODGE
NORTHWOOD
PINNER
NORTH HARROW
HARROW ON THE HILL
WEST HARROW
PRESTON ROAD
WEMBLEY PARK
NEASDEN & KINGSBURY
DOLLIS HILL
WILLESDEN GREEN
WEST HAMPSTEAD
FINCHLEY ROAD
SWISS COTTAGE
MARLBORO' ROAD
ST. JOHNS WOOD
NORTH WEMBLEY
WEMBLEY FOR SUDBURY
STONEBRIDGE PARK
HARLESDEN
WILLESDEN JUNCTION
KENSAL GREEN
QUEENS PARK
KILBURN PARK
MAIDA VALE
WARWICK AVENUE
EDGWARE
BURNT OAK (WATLING)
COLINDALE
HENDON CENTRAL
BRENT
GOLDERS GREEN
HAMPSTEAD
BELSIZE PARK
CHALK FARM
HIGHGATE
TUFNELL PARK
KENTISH TOWN
CAMDEN TOWN
MORNINGTON CRESCENT
EUSTON
WARREN STREET
GOODGE STREET
TOTTENHAM COURT RD.
LEICESTER SQUARE
STRAND
UXBRIDGE
ICKENHAM
RUISLIP MANOR
RAYNERS LANE
HILLINGDON
RUISLIP
EASTCOTE
SOUTH HARROW
SUDBURY HILL
SUDBURY TOWN
ALPERTON
PARK ROYAL
NORTH EALING
EALING BROADWAY
WEST ACTON
EAST ACTON
NORTH ACTON
EALING COMMON
SOUTH EALING
NORTHFIELDS
BOSTON MANOR
OSTERLEY
HOUNSLOW EAST
ACTON TOWN
SOUTH ACTON
CHISWICK PARK
GUNNERSBURY
KEW GARDENS
RICHMOND
LATIMER ROAD
WESTBOURNE PARK
ROYAL OAK
BISHOPS ROAD
LADBROKE GROVE
BAYSWATER
PADDINGTON
EDGWARE ROAD
PRAED STREET
BAKER STREET
GREAT PORTLAND ST.
EUSTON SQUARE
REGENTS PARK
OXFORD CIRCUS
WOOD LANE
SHEPHERDS BUSH
UXBRIDGE ROAD
NOTTING HILL GATE
HOLLAND PARK
LANCASTER GATE
QUEENS ROAD
MARBLE ARCH
BOND STREET
GOLDHAWK ROAD
ADDISON ROAD
HIGH STREET KENSINGTON
PICCADILLY
GREEN PARK
HYDE PARK CORNER
KNIGHTSBRIDGE
BROMPTON ROAD
TRAFALGAR SQUARE
HAMMERSMITH
STAMFORD BROOK
BARONS COURT
EARLS COURT
GLOUCESTER ROAD
SOUTH KENSINGTON
SLOANE SQUARE
VICTORIA
WESTMINSTER
ST JAMES' PARK
TURNHAM GREEN
RAVENSCOURT PARK
WEST KENSINGTON
WEST BROMPTON
WALHAM GREEN
PARSONS GREEN
PUTNEY BRIDGE
EAST PUTNEY
SOUTHFIELDS
WIMBLEDON PARK
WIMBLEDON
BALHAM
TRINITY ROAD
TOOTING BROAD
COLLIERS WOOD
SOUTH WIMBLEDON
MORDEN
REFERENCE
DISTRICT RAILWAY
BAKERLOO LINE
PICCADILLY LINE
EDGWARE, HIGHGATE & MORDEN LINE...
CENTRAL LONDON RLY
METROPOLITAN RLY
METROPOLITAN RLY (GREAT NORTHERN & CITY SECTION)
INTERCHANGE STATIONS
UNDER CONSTRUCTION....

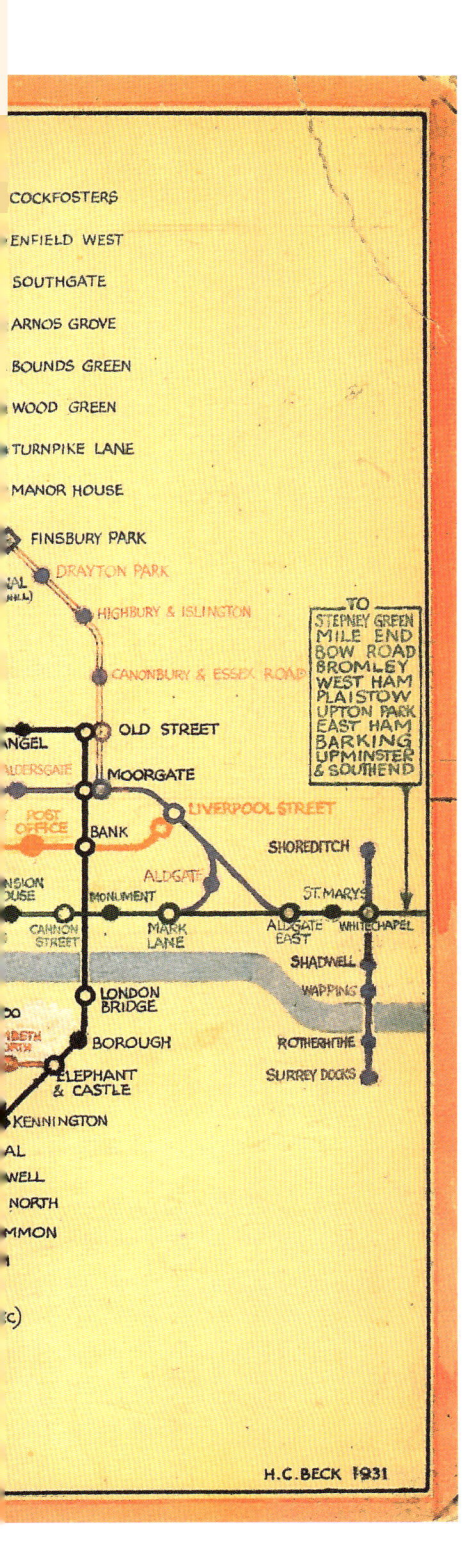

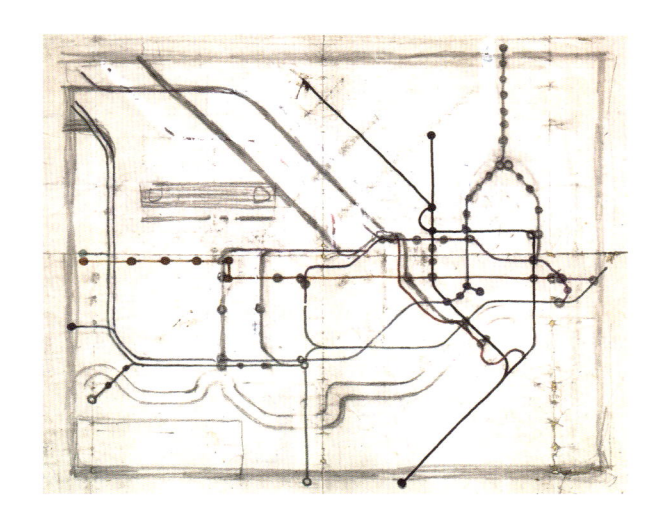

London Underground, Harry Beck

ハリー・ベックによる
ロンドン地下鉄路線図

　おなじみのロンドン地下鉄路線図は、1931年にハリー・ベックが考案し、1933年に初版が発行された。地形図というよりむしろ回路図とでもいうべきもので、実際の地理ではなく、駅と路線の相対的な位置関係を示す。縦・横・斜めの直線で構成され、縮尺は使っておらず、都心部と郊外とでは駅間の距離が異なる。乗換駅は白丸、その他の駅は塗りつぶされた丸で表されている。

　ロンドン地下鉄で働いていたベックは、空き時間を利用してこの図を作り始めた。その後パンフレットとして自費出版したところ、またたく間に評判となって正式に採用されることになる。上の図は初期の下絵である。　　　　　　　　　［1933年］

Marshall Islands, Matang (Stick Maps)

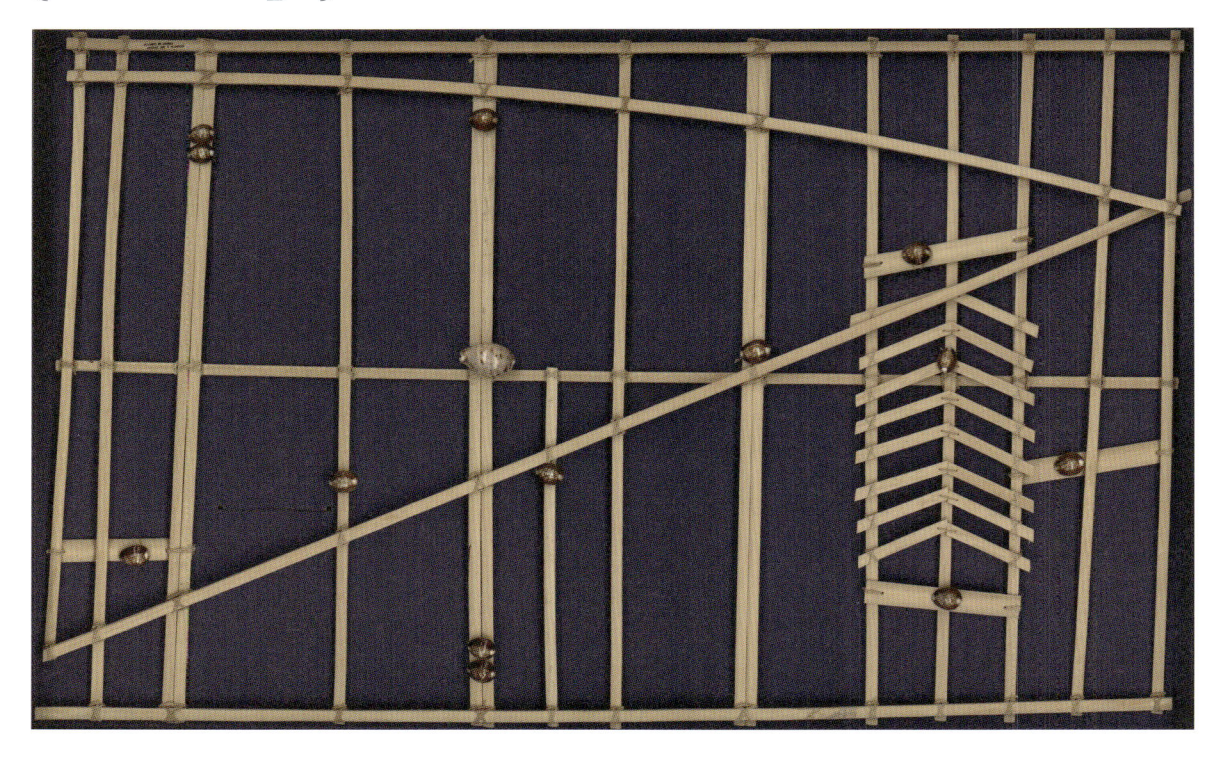

マーシャル諸島のスティックチャート

　マーシャル諸島の船乗りたちは20世紀初頭までカヌーを操って、太平洋の島から島へと移動していた。彼らは、深海の隆起部分からの波の反射や屈折、回折によるうねりを見て島への距離を感知した。そうした諸現象を記録しようとして作られたのが、ココヤシの葉柄からなるスティックチャートと呼ばれる海図だ。格子状の枠組に、湾曲した葉柄やまっすぐな葉柄を結びつけ、変化するうねりや海流を表現する。異なる方向からの波がぶつかり合う地点（チャートの「結び目」）には注意が必要だ。くくりつけられた貝殻は島を表している。このページのものは「マタン」と呼ばれる練習用の海図である。

　　　　　　　　　　　　　　　［20世紀初頭まで］

Silk Scarf 'Escape Map'
絹のスカーフに描かれた「脱出地図」

　第二次大戦中に広く使われたこの脱出地図は、戦時に敵地に乗り込んだり、通過したりするパイロットらに支給されたものだ。絹に印刷されていて、スカーフとして利用できるうえ、丸めてしまえば場所も取らない。

　軽くて耐久性があり、水にも強い。敵地で撃墜されてそこから脱出しなければならない時などに役立った。連合軍兵士に支給された絹や布の地図は、350万枚余りにのぼる。

　このスカーフは英国の士官オリバー・チャーチルのもので、イタリアのミラノ周辺が描かれている。

［20世紀］

Alluvial Valley of the Lower Mississippi River, Harold Fisk

ハロルド・フィスクによるミシシッピ川流路変遷図

　ミシシッピ川下流域を描いた15枚組の地図の一部がこの地図だ。15枚すべてをつなぎ合わせると米国イリノイ州南部からルイジアナ州南部までの流れが姿を表し、流路の変遷が描き出される。

　ミシシッピ川は砂泥が豊かで、周期的に流れがせき止められると、別の方向へと流路を変えていく。1941年に始まった地質調査の一環として、ハロルド・フィスクは3年間かけて3600キロ余りに及ぶ川を探査。その成果がこの図で、現在だけでなく過去の流れも記した。一部は残された痕跡から推測している。　　　　　　　　　［1944年］

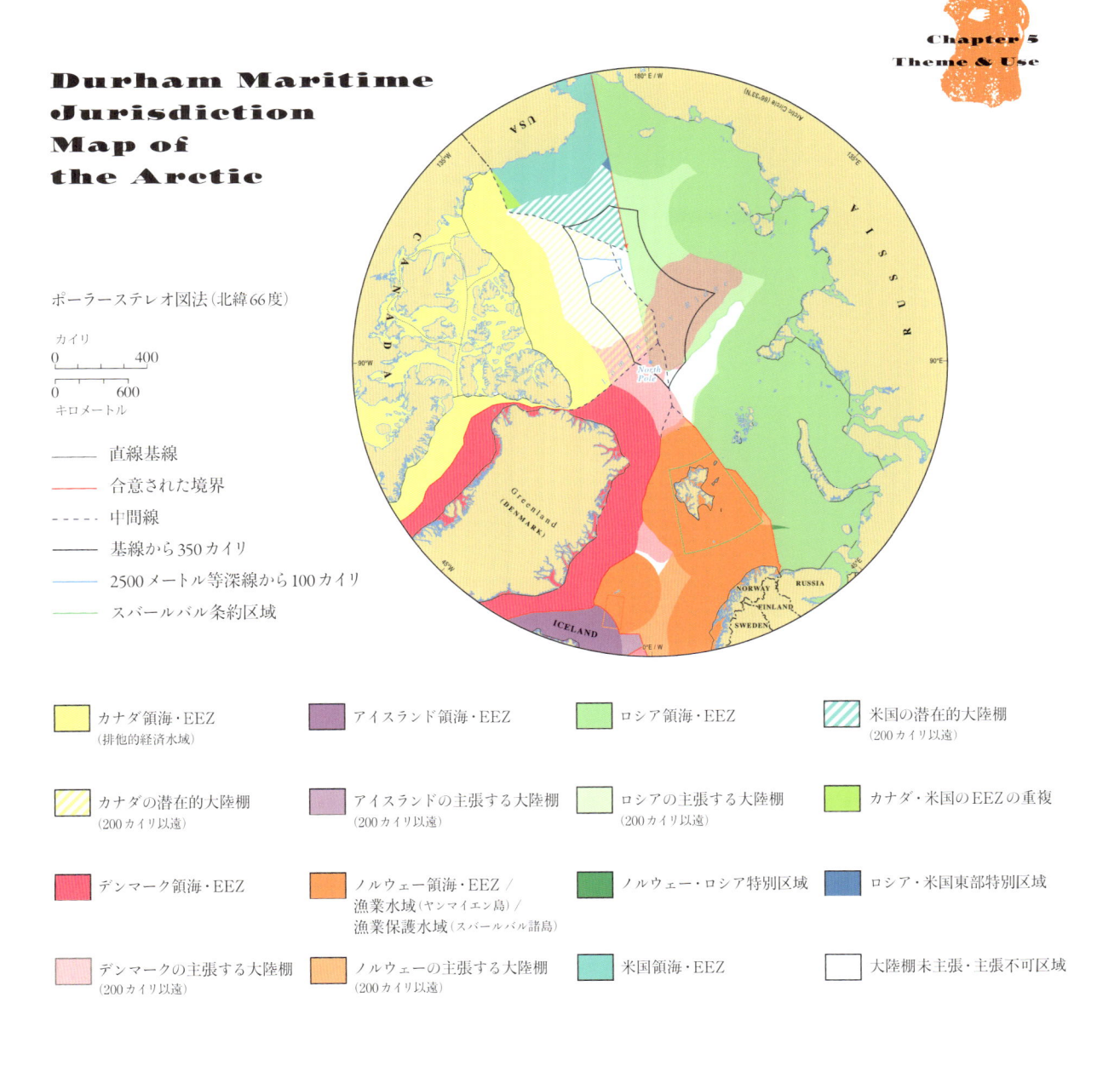

Durham Maritime Jurisdiction Map of the Arctic

ポーラーステレオ図法（北緯66度）

スケール：0–400 カイリ／0–600 キロメートル

凡例（線）：
- 直線基線
- 合意された境界
- 中間線
- 基線から350カイリ
- 2500メートル等深線から100カイリ
- スバールバル条約区域

凡例（面）：
- カナダ領海・EEZ（排他的経済水域）
- アイスランド領海・EEZ
- ロシア領海・EEZ
- 米国の潜在的大陸棚（200カイリ以遠）
- カナダの潜在的大陸棚（200カイリ以遠）
- アイスランドの主張する大陸棚（200カイリ以遠）
- ロシアの主張する大陸棚（200カイリ以遠）
- カナダ・米国のEEZの重複
- デンマーク領海・EEZ
- ノルウェー領海・EEZ／漁業水域（ヤンマイエン島）／漁業保護水域（スバールバル諸島）
- ノルウェー・ロシア特別区域
- ロシア・米国東部特別区域
- デンマークの主張する大陸棚（200カイリ以遠）
- ノルウェーの主張する大陸棚（200カイリ以遠）
- 米国領海・EEZ
- 大陸棚未主張・主張不可区域

英国ダラム大学による北極領有権地図

　北極の氷の下に眠る資源に注目が集まるにつれ、各国の権益争いは今後激しくなりそうだ。英国ダラム大学の国際国境リサーチユニットが作ったこの図は、1982年の国連海洋法条約の規定に基づいて、北極圏における各国の主張を表したもの。合意された境界や、現在領有権が主張されている地域のほか、今後領有権が主張される可能性のある地域も示している。　　　　　　　　　　［現代］

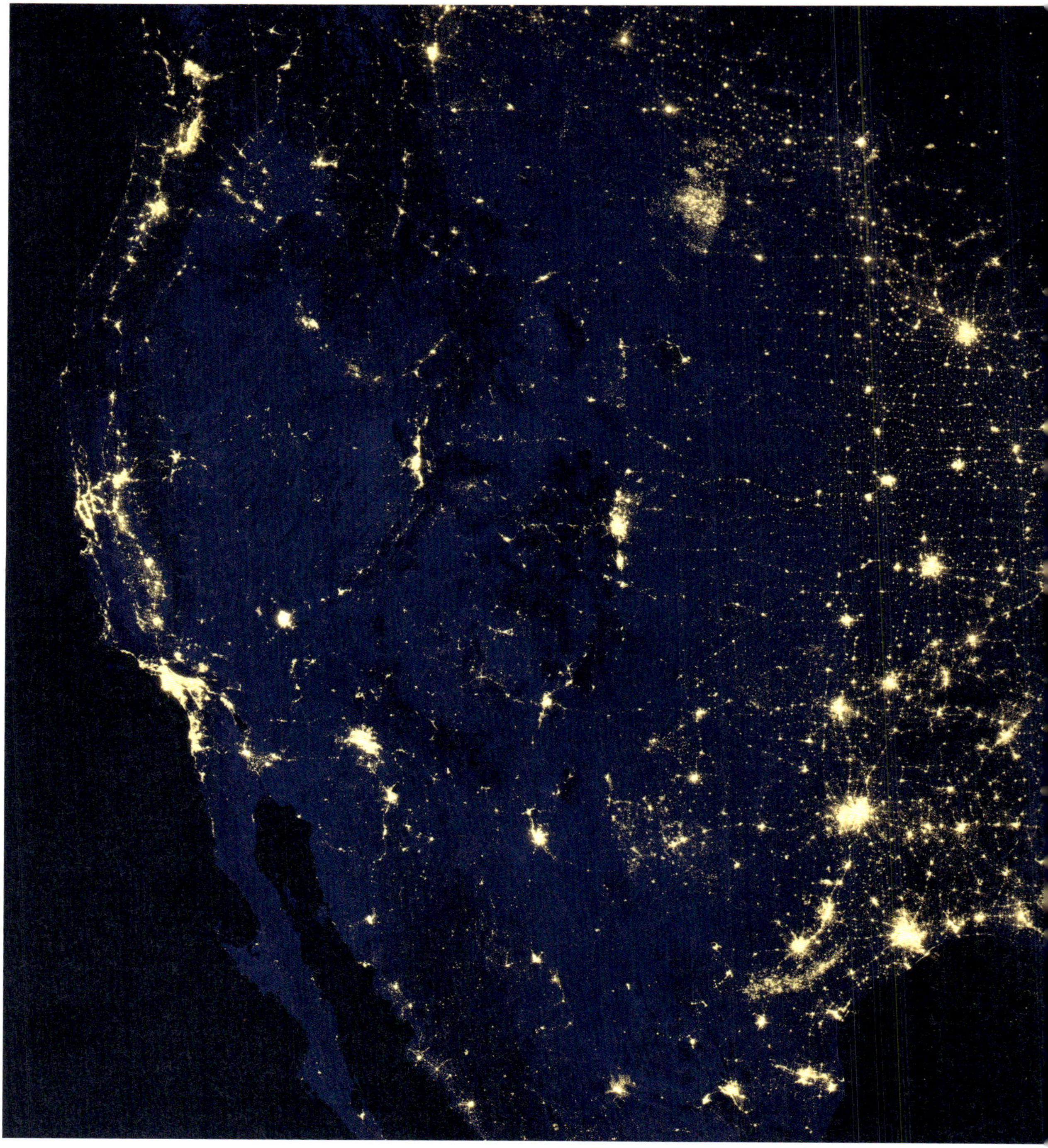

Chapter 5
Theme & Use

Light Maps

地球の夜景図

　衛星画像の登場で、地図製作は新たな段階を迎えた。この図は、明かりのともった夜の陸地を示したもので、光の明るさで都市化の度合いがわかる。左の図は北米大陸で、フロリダ半島の沿岸部（図の右下）がくっきりと見えている。上の図は朝鮮半島で、南は光であふれているが、北は小さな光の点（北朝鮮の首都ピョンヤン）以外は真っ暗だ。その暗闇の奥に輝いているのは中国である。　［現代］

189

Fault-line at Piqiang, NASA

米航空宇宙局（NASA）による皮羌断層線図

　以前は明確に存在していたはずの地図と写真の"境目"は、衛星画像の登場によってはっきりしないものになった。

　この画像は、3種類の異なる光の波長で中国新疆ウイグル自治区タリム盆地北西部の皮羌断層線を撮影したものだ。着色を施すことで、地質学的な特徴をつかみやすくしている。かつて英国の地層図を描いたウィリアム・スミスは（P.172）、実際に各地へ足を運んで地層を探査するなど、その製作に多大な労力を費やした。現代の地質学者はもはやそんな苦労とは無縁だ。この写真のように岩が露出した場所では、地質構造や、地震で尾根が引き裂かれて生じた断層の様子などを、衛星画像によって簡単に知ることができる。

　それにしても、この画像は地図なのだろうか。前ページの地球の夜景もはたして地図と呼んでいいのだろうか。われわれが生きる今日、「地図とは何か」という問いに対する答えは、先人たちの時代よりもかえって曖昧なものになっている。［2013年］

ナショナル ジオグラフィック協会は、米国ワシントンD.C.に本部を置く、世界有数の非営利の科学・教育団体です。
1888年に「地理知識の普及と振興」をめざして設立されて以来、1万件以上の研究調査・探検プロジェクトを支援し、「地球」の姿を世界の人々に紹介しています。

ナショナル ジオグラフィック協会は、これまでに世界41のローカル版が発行されてきた月刊誌「ナショナル ジオグラフィック」のほか、雑誌や書籍、テレビ番組、インターネット、地図、さらにさまざまな教育・研究調査・探検プロジェクトを通じて、世界の人々の相互理解や地球環境の保全に取り組んでいます。日本では、日経ナショナル ジオグラフィック社を設立し、1995年4月に創刊した「ナショナル ジオグラフィック日本版」をはじめ、DVD、書籍などを発行しています。

ナショナル ジオグラフィック日本版のホームページ
nationalgeographic.jp
ナショナル ジオグラフィック日本版のホームページでは、音声、画像、映像など多彩なコンテンツによって、「地球の今」を皆様にお届けしています。

Picture Credits

akg images: 25 (Bible Land Pictures/Jerusalem Z. Radovan), 38–9 (Roland and Sabrina Michaud), 54–5 (British Library), 63 (Album/Prisma), 82, 120 (Roland and Sabrina Michaud), 122–3, 134 (De Agostini Picture Library), 142 (Interfoto), 174–5 (Historic Maps); **Bibliothèque Nationale de France:** 178–9; www.biologus.eu: 11 (thanks to Ulrich); **Bridgeman Image Library:** 9 (National Maritime Museum, Greenwich/National Maritime Museum, London, UK/Alinari), 14 (De Agostini Picture Library), 15 (Pictures from History), 20-21 (De Agostini Picture Library/A. Castiglioni), 22 (Egyptian National Library, Cairo, Egypt), 23 (Egyptian National Library, Cairo, Egypt), 24 (Pictures from History), 32–3 (De Agostini Picture Library), 37 (Newberry Library, Chicago, Illinois, USA), 40 (Wien Museum Karlsplatz, Vienna, Austria/Ali Meyer), 41 (Newberry Library, Chicago, Illinois, USA), 66–7 (Bibliothèque Nationale, Paris, France), 70–71 (British Library, London, UK/© British Library Board. All rights reserved), 72–3 (British Library, London, UK/© British Library Board. All rights reserved), 80–81 (De Agostini Picture Library), 84 (private collection/photo © Heini Schneebeli), 88 (De Agostini Picture Library), 108–109 (Universal History Archive/UIG), 121 (British Library, London, UK/© British Library Board. All rights reserved), 131 (© British Library Board. All rights reserved), 158 (private collection/the Stapleton Collection), 162 (Pictures from History/David Henley); **British Library:** 46–7, 68, 69; **British Museum:** 61; **City of Vancouver Archives:** 114–115; **Corbis:** 35 (Gianni Dagli Orti), 50, 64–5 (Werner Forman), 74–5 (Leemage), 92–3 (the Gallery Collection), 96, 144–5 (the Gallery Collection); **Cornell University Library:** 30–31; **Cristina Turconi (Footsteps of Man):** 13; **Getty Images:** 12 (DEA/E. Papetti), 16 (De Agostini Picture Library), 102–103 (Dea Picture Library), 136–7 (Buyenlarge), 140–141 (Heritage Images), 176–7 (New York Historical Society); **Google Earth:** 168-9; **Greenland National Museum:** 42; **Hampshire County Council Museums:** 78; **Library of Congress Geography and Maps Division:** 58–9, 184–5; **Mary Evans Picture Library:** 119 (Iberfoto), 150–151 (BeBa/Iberfoto); https://metropolitantojubilee.wordpress.com: 182–3; **NASA:** 188–189, 190–191; **North Wind Picture Archives:** 100–101; **Oxford Cartographers:** 166–7 (© Mrs Arno Peters, represented by Huber Cartography, Germanywww.cartography-huber.com / English version by Oxford Cartographers, UK www.oxfordcartographers.com / North American distribution & licensing by ODTmaps, Amherst MA, USA www.odtmaps.com); **Pitt Rivers Museum, University of Oxford:** 43; **Portsmouth University Geography Department:** 26–7; **Princeton University Library:** facing title page, 97, 112; **Science Photo Library:** 132–3; **Shutterstock:** 18-19, 62–3, 154–5 (Steve Estvanik); **Topfoto:** 146–7 (the Granger Collection, New York), 148–9 (British Library Board); **University of British Columbia:** 44; **University of California Berkeley Library:** 106–107; **Walters Art Museum:** 36; **Wien Museum:** 28–9.

地図の物語
人類は地図で何を伝えようとしてきたのか

2016年7月19日　第1版1刷
2018年3月26日　　　　2刷

著者	アン・ルーニー
訳者	高作自子
日本語版監修	井田仁康（筑波大学教授）
編集	尾崎憲和　葛西陽子
編集協力	高山知良
デザイン	三木俊一＋中村妙（文京図案室）
発行者	中村尚哉
発行	日経ナショナル ジオグラフィック社　〒105-8308 東京都港区虎ノ門4-3-12
発売	日経BPマーケティング
印刷・製本	シナノパブリッシングプレス

ISBN978-4-86313-358-7
Printed in Japan

© Yoriko Takasaku 2016
©日経ナショナル ジオグラフィック社 2016
本書の無断複写・複製（コピー等）は著作権法上の例外を除き、禁じられています。
購入者以外の第三者による電子データ化及び電子書籍化は、私的使用を含め一切認められておりません。

THE STORY OF MAPS
by Anne Rooney
Copyright © Arcturus Holdings Limited
Japanese translation rights arranged with Arcturus Publishing Limited
through Japan UNI Agency, Inc., Tokyo
Japanese translation published by Nikkei National Geographic Inc.